ARCHITECTURAL RECORD 建筑实录

图书在版编目（CIP）数据
建筑实录. 公共建筑 /《建筑实录》中文版编辑部编.
-- 沈阳：辽宁科学技术出版社, 2012.12
ISBN 978-7-5381-7766-4

I. ①建… II. ①建… III. ①建筑实录－世界②公共建筑－建筑设计－美国、英国
IV. ①TU-881.1②TU242
中国版本图书馆CIP数据核字（2012）第266090号

建筑实录VOL. 4/2012

辽宁科学技术出版社出版/发行（沈阳市和平区十一纬路29号）
各地新华书店、建筑书店经销
上海当纳利印刷有限公司印刷
开本：880×1230毫米 1/16　印张：6　字数：100千字
2012年12月第1版　2012年12月第1次印刷
定价：**36.00元**
ISBN 978-7-5381-7766-4
版权所有　翻印必究

辽宁科学技术出版社 www.lnkj.com.cn
麦格希建筑信息 www.construction.com

ARCHITECTURAL RECORD 建筑实录

ARCHITECTURAL RECORD is published monthly by The McGraw-Hill Companies, 1221 Avenue of the Americas, New York, N.Y. 10020. **COPYRIGHT:** Title ® reg. in U.S. Patent Office. Copyright © 2012 by The McGraw-Hill Companies. All rights reserved. Write or fax requests (no telephone requests) to Copyright Permission Desk, Architectural Record, Two Penn Plaza, New York, N.Y. 10121-2298; fax: 212/904-4256. **WEB SITE:** ArchitecturalRecord.com. **ADVERTISING:** Pina Del Genio: 212/904-6791, *AR.advertising@mcgraw-hill.com.* **SUBSCRIPTION:** Rates are as follows: U.S. and Possessions $70.30; Canada and Mexico $79 (payment in U.S. currency, GST included); outside North America $199 (air freight delivery). Single copy price $9.95; for foreign $11. Subscriber Services: 877/876-8093 (U.S. only); 515/237-3681 (outside the U.S.); fax: 712/755-7423. **SUBSCRIBER SERVICE:** 877/876-8093 (U.S. only). 515/237-3681 (outside the U.S.). Subscriber fax: 712/755-7423. E-mail: *arhcustserv@ cdsfulfillment.com.* **INQUIRIES AND SUBMISSIONS:** Books, Clifford A. Pearson; Products, Rita Catinella Orrell; Lighting and Interiors, Linda C. Lentz; Residential, Jane F. Kolleeny; Architectural Technology, Joann Gonchar. **REPRINT:** *architecturalrecord@theygsgroup.com.* **BACK ISSUES:** Call 877/876-8093, or go to *archrecord.com/backissues/*

McGraw_Hill CONSTRUCTION   The McGraw·Hill Companies

封面：阿德里安·史密斯+戈登·吉尔建筑设计事务所设计的王国大厦（JAMES EWING摄影）。
本页图：国王十字广场（HUFTON+CROW摄影）。
对页左上图：纳托玛建筑事务所设计的上城（RIEN VAN RIJTHOVEN摄影）；对页右上图：巴恩斯基金会（MICHAEL MORAN摄影）。

专栏 DEPARTMENTS

公共建筑 PROJECTS

费城 PHILADELPHIA

俄克拉何马 OKLAHOMA CITY

关于作品介绍、建筑研究的更多信息和网上专题报道可登录网站：*architecturalrecord.com*

匹兹堡 PITTSBURGH

克利夫兰 CLEVELAND

今日伦敦 LONDON

技术 TECHNOLOGY

建筑类型研究：城市空间 BUILDING TYPES STUDY: CIVIC SPACES

[艺术与设计 ART AND DESIGN]

期待已久的建筑综合体在南京初次亮相

中国国际建筑艺术实践展（CIPEA）的施工几年来一拖再拖，据其业主所说，最终在2012年年末完成大部分建设。这个规模宏大的建筑综合体坐落在南京老山森林公园附近，南京城区的长江对岸，该项目在2003年由四方文化集团总裁陆军构思出来，用来展示国内外24位建筑师的设计作品，其中国内著名建筑师11位、国外著名建筑师13位。这些建筑除了斯蒂文·霍尔（Steven Holl）设计的一个艺术博物馆、矶崎新（Arata Isozaki）设计的一个会议中心、埃塔·索特萨斯（Ettore Sottsass）设计的一个娱乐中心、刘家琨设计的一家酒店以外，还包括20栋风格独特的住宅建筑。陆军说，他现在正与雷姆·库哈斯（Rem Koolhaas）讨论，想让大都会建筑事务所（OMA）再选一栋建筑添加进来。

虽然中国大多数高档住宅社区都采用新古典主义设计风格，但中国国际建筑艺术实践展所表现出的无疑是当代设计风格。在陆军的指导下，刘先生和矶崎新邀请一些志同道合的设计师在场地上设计建造。对陆军来说，雇用几个外国建筑师非常重要。他说："我们想在场地里注入一种国际精神。"一些中国网民曾批评外国建筑事务所把中国作为他们建筑实践的实验地。"如果中央电视台和奥林匹克体育场是实验地，我们也想成为一个'实验地'"，陆军说。陆军是一位狂热的当代艺术收藏家，他希望中国国际建筑艺术实践展不仅是一个建筑的中心，也要成为一个艺术的中心。陆军曾劝说南京4Cube当代艺术博物馆（4Cube Museum of Contemporary Art）总监将其迁址到霍尔设计的四方博物馆（Sifang Museum）里，四方博物馆位于建筑综合体的入口处。陆军说："整个基地是一个博物馆，其余建筑也将展示艺术。"甚至住宅本质上也是博物馆，意在参观而不用于居住。

艾克斯蒂建筑规划事务所（EKISTICS）总裁W·保罗·罗斯诺（W. Paul Rosenau）报道，"四方文化集团的开发规模很大，中国国际建筑艺术实践展只是第一期，艾克斯蒂公司是一家建筑规划事务所，总部位于温哥华，这个项目的总体规划由他们设计"。罗斯诺说："第二期开发更为私密化，到时候陆军可以赚钱来为第一期买单。"在一个毗邻中国国际建筑艺术实践展的场地上已经开始了大规模施工，为第二期作准备。第二期也是关于（保罗）设计的，四方文化集团不愿出面证实。

据罗斯诺所说，中国国际建筑艺术实践展在9年前刚开始时进展不顺，当时陆军在另一方拿到建议地块时不得不改变计划。他的初衷花两三年时间把它建好，现在已经到了第十个年头。其中三个公共建筑——博物馆、会议中心和酒店——似乎已经做好对外开放的准备，而娱乐中心却只是一个架子而已。那些房子也处于不同的竣工建设阶段。在9月初一次去现场参观时，由王澍、大卫·阿加叶（David Adjaye）、艾未未设计的住宅和其他6栋住宅已经建成。一些住宅，像肖恩·戈德塞尔（Sean Godsell）设计的住宅，部分已经建成，而另一些房子，像海福耶·尼瑞克（Hrvoje Njiric）设计的住宅，还未破土动工。萨那事务所（SANAA）和张永和设计的地基上面仍然是一片杂草丛生。

客户和建筑师们为中国国际建筑艺术实践展的拖延列举了各种理由，包括沟通中断、设计不符合当地住宅条例要求、外国建筑事务所与当地设计院初次合作的磨合、付款问题和对非标准材料和对细部要求等。陆军最初的项目成本预算为2亿元人民币，希望最终成本为10亿元人民币。虽然存在种种问题，面对当前施工状态，陆军声称，中国国际建筑艺术实践展里的大部分建筑都将于今年年底前竣工，加上艺术设施安装的整个中国国际建筑艺术实践展项目也将于两年半之后正式向公众开放。

中国国际建筑艺术实践展是否已成功达到吸引外国建筑事务所来中国的目的呢？像霍尔这类大事务所从此事业兴旺发展，这是他在中国接的首个项目，霍尔说："我在中国建的建筑比在世界任何其他地方都多。"戈德塞尔说，"能被邀请参加中国国际建筑艺术实践展，非常荣幸"，但他在中国的经历使他不太希望未来在中国工作。他说，"在自己后院做出伟大的建筑很难。"

那么，中国国际建筑艺术实践展对中国建筑有何影响？"它对建筑界有巨大影响"，刘先生说，他承认由于中国国际建筑艺术实践展的拖延，它已经淡出人们的视线，其真正影响只有当其建成后才能预见。"这些项目的提案都是几年前做的，可能无法代表建筑师现在的想法"，他说，"但是，它们对于每位建筑师的职业发展至关重要。"霍尔也有类似的评估，"这类项目对新建筑的质量和实验潜力都有提升作用"。*Clare Jacobson/文 王晨晖/译 肖铭/校*

[城市改造 URBAN ADAPTATION]

上海世博会园址正在改变其性质

2010年，约有来自世界各地7000万的游人参观了上海世博会。现在，世博会园址正在被改造成为一个庞大的、多功能的街区。它坐落在浦东的黄浦江沿岸，重建场地是为了将世博会主题——“城市，让生活更美好”的幻想通过建筑变成现实。

目前，除了沿世博会中轴建起一个巨大的露天零售商业综合体以外，对于一系列办公楼、公寓综合体和高档酒店的升级改造施工也在进行之中。“我们要把有主要类型的城市功能都建在一起”，皮尔卢卡·马菲（Pierluca Maffey）说，他目前是总部位于美国亚特兰大的约翰·波特曼联合事务所（John Portman & Associates）的一个项目经理，该公司在2011年曾在为毗邻零售商业地带的四家酒店举办的一次设计竞赛中获胜。

其中两家酒店，以及许多办公空间和零售空间，拟定于2016年前竣工。酒店采用现场浇筑的混凝土结构，将与一个钢架景观平台相连，下面是一些高档的零售商店。虽然所有的结构都能通到高架的户外花园，但是外形似碗的酒店也会有一个室内庭院，种有绿树和植被。“这将成为一个高端人群的消费目的地”，马菲说，“它将成为上海一个新地标。”

从2002年对世博会进行初期规划以来，中国政府一直强调世博会应该长期保持活力，谨防出现之前世博会所在地被遗弃、被空闲的情况——最著名的话题首选西班牙的塞维利亚。在上海，有许多临时展馆都已被拆除了，有一些特例除外，比如意大利馆和沙特阿拉伯馆，它们已经被转变成展览空间。前中国馆现在是中国最大的艺术博物馆，展览空间面积达到69万平方英尺，在世博会期间充当展览空间的变电站，也被转变成一个面积为44万平方英尺的当代艺术博物馆。两者都已在今年10月份对外开放。*Laura Mirviss/文 王晨晖/译 夏鹏/校*

[多功能开发 MIXED-USE DEVELOPMENT]

高铁建筑综合体落户于蚌埠新商务区

在蚌埠，一个新建的高铁建筑综合体的建设工作已经接近尾声了。这个综合体包括一对多功能大楼和一个面积为3万平方英尺的公共广场。两栋六层高的大楼夹住一个2011年就开始营运的火车站，同时也确定了新广场的南北两侧。整个项目由上海建言建筑设计公司（Verse Design）设计。

蚌埠南站位于安徽省蚌埠市以东的12公里处，当地官员认为，这个地块及其邻近建筑可以作为一种催化剂，并孕育出一个新的商务区。现在，京沪高铁线上的火车把这个新的交通枢纽与780公里开外的北京和430公里开外的上海连接起来。目前，人们乘坐公共汽车和出租车到蚌埠的市中心，几年后，第二期竣工时还会建起一条轻轨线把高铁车站和市中心连接起来。

因为这个区域一直不太发达，所以该项目必须自己创建一个新的城市环境。于是，上海建言建筑设计公司的建筑师们设计出两栋新大楼，它们既作为广场的组成部分，又增加了广场的活力。上海建言建筑设计公司的合伙人唐瑞麟先生（Paul Tang）说，“他们一个主要策略就是要设计出两个地面层：一个是车站的主站台高度，另一个位于地下5米处。采用这种方法，两栋大楼可以实现来乘车和下火车的不同乘客之间的分流，减少特别是在交通高峰时的拥堵。”此外，还设计出一个可以举办大型公共活动的下层广场和一个供人们观看、活动不太激烈的上层广场。

两栋大楼的一、二两层将会设置一些商店和餐馆，北楼的三至六层是一个商务酒店，南楼的相应楼层则是一些办公室空间。两栋大楼的核心和外围都已经全部建好，但是室内设计部分仍然还在进行中。

除了赋予这个建筑综合体一种城市特征外，上海建言建筑设计公司还强调采用若干可持续性的设计策略——既包括一些主动技术，也包括一些被动技术。同时，对太阳能朝向的研究有助于确定建筑的外形，为每一栋大楼设计出由三部分构成、多反射平面的外立面。唐先生说：“建筑一体化太阳能光电板，面积总共为1715平方米，被安装在立面和屋顶上，应该可以提供大楼所需能源的25%~30%。”“大面积的地热井系统可以提供大楼空调制冷时所需的80%的能源”，唐先生补充说。此外，设计师们在上面几层尽可能多地安装了一些可控窗户，在每栋大楼的内部都设计一个大型中庭，使建筑内部采光充分，同时引导热空气向上并排出建筑外。幕墙设计由上海建言建筑设计公司和中国建筑工程总公司共同完成，施工图由上海建言建筑设计公司和蚌埠规划设计研究院共同设计。*Clifford A. Pearson/文 王晨晖/译 夏鹏/校*

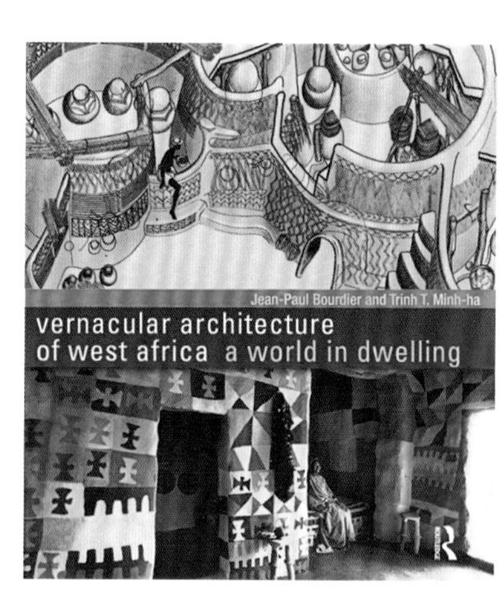

土著重返非洲

《非洲大都会建筑》

African Metropolitan Architecture,
作者：大卫·爱德杰（David Adjaye），
New York: Rizzoli 出版社，2011年，
568页，盒装，$100。

本书汇集了建筑师大卫·爱德杰（David Adjaye）在马萨诸塞州、伦敦、伯尔尼、瑞士、里斯本和东京举办的一系列展览，该类展览陈列了大卫·爱德杰针对非洲城市环境所进行的调研摄影。由彼得·艾利森（Peter Allison）进行编辑的该系列书籍中，平装本七卷中有六卷是由非洲大陆上现有的多元化建筑形式的图片组成。本书作者大卫·爱德杰生于坦桑尼亚，但在伦敦执业，开始试图全面地对非洲进行记录。本书可以作为对非洲大陆建筑环境感兴趣的建筑师、城市规划者以及建筑历史学家的视觉档案。

将图片以多行的形式罗列在书页上，仿佛砌筑块的各层一般，这一设计为本书增添了某种建筑特质。照片的大小尺寸各异，避免了每一页上显示相似尺寸图片可能产生的视觉单一感。同样，不对照片进行标注的设计也使得建筑物和街景的内涵不言而喻。但这种省略却使读者难以对这个建筑的设计建筑师或业主有更多的了解。

第七卷中包含着各个作者的文章，讨论的主题包括非洲大都会历史、文化产品、安全和部族冲突等。投稿人包括普林斯顿大学的哲学教授克瓦米·安东尼·阿皮亚（Kwame Anthony Appiah）、文化历史学家兼电影制作人娜娜·奥弗里埃塔·阿因姆（Nana Oforiatta Ayim）、馆长兼评论家奥库伊·恩韦泽（Okwui Enwezor）、建筑师雷芝·盖布雷迈丁（Naigzy Gebremedhin）以及现在正在哈佛大学进行美术和非洲研究的教授苏珊·普雷斯顿·布利尔（Suzanne Preston Blier）。这些未添加插图而进行出版的文章，说明了建筑环境如何不停地形成上述主题，以及这些主题如何不停地影响着建筑环境。

或许本书的后续版本会将视觉文献与文章相结合。而且图文结合将尤其有助于布利尔（Blier）的作品《非洲城市的过去——从历史的角度看待大都会》更为深刻地表述，该作品剖析的是殖民地时期前的非洲城市。将视觉档案与文字说明放在一起将十分有助于追溯非洲城市的进化发展。

配有插图的六卷分别展示了不同的非洲生态系统，提供了将广阔而且多元化的大陆组织起来的简单方式。这几卷分别为：《马格里布》（非洲西北部）、《撒哈拉沙漠》（撒哈拉半干旱南部边缘区）、《森林》、《草原和牧场》以及《山脉和高原》。该排列的优点是，不同城市的建筑风格及历史遗迹的图片被置于同一卷中，使得读者可以将城市中的建筑物与相应的气候条件进行比较。在这些城市视觉文献之前是各城市的历史简介，是对该地点所作的入门性指导。将小摊棚建筑的图片与市政、住宅和商业建筑物放在一起，进一步论证了爱德杰（Adjaye）的观点，即小型结构的设计方式同样影响着当地较大型建筑的形式。

在后续版本中，我们期望见到某些建筑内景的照片，这些内景照片将有助于阐释某些不能够明显通过外观来阐释出的设计理念。不管怎样，爱德杰（Adjaye）以及投稿作家将会势必开创出史无前例的非洲城市环境文化视觉历史；这一历史将会从整体上填补该地域建筑历史领域的空白。*Adedoyin T. Teriba/文*
赵逵/译 夏鹏/校

爱德多因·T·特雷巴（Adedoyin T. Teriba）是普伦斯顿大学建筑专业研究生，在尼日利亚的拉各斯长大。

［简要说明 BRIEFLY NOTED］

《非洲西部的乡土建筑：宜居世界》

Vernacular Architecture of West Africa: A World in Dwelling,
吉恩·保罗·布尔迪尔（Jean-Paul Bourdier）与瞿恩·T·明哈（Trinh T. Minh-ha）合著，London and New York: Routledge 出版社，2011年，192页，盒装，$75。

加利福利亚大学伯克利分校的建筑学教授吉恩·保罗·布尔迪尔（Jean-paul Bourdier）曾出版过多本有关乡土建筑的书籍，特别是非洲乡土建筑。他最近出版的一件作品，是与同为加利福尼亚大学伯克利分校的教授兼电影制作人瞿恩·T·明哈（Trinh T. Minh-ha）合著。这本书关注的焦点是非洲上百个民族部落的各种住宅建筑，以便促进对那些欲摆脱现代化的西方建筑师与那些希望凭借现代先进的技术改进传统建筑实践的非西方执业者之间的相互了解。

利用场景式照片的展示和生动吸引人的绘图，作者用9个篇幅来描述非洲建筑与精神领域的直接联系：每幢房屋既是一个有生命的物体，又是一个象征；接下来的12章中，作者详细剖析了不同类别住宅的结构和平面，比如贝宁南部柔库（Nokue）湖西北湖畔上的那些住宅。这些建于木桩上的房屋有着特殊的稻草屋顶及有渗透性的墙和地板，以帮助抵御该地区的潮气。

布尔迪尔和明哈在书中叙述道："面对着多种多样的非洲乡村住宅，以及非洲多种多样的信仰和习俗，似乎没有什么比谈论'非洲建筑风格'或将它们按照无差异的整体去处理更加困难的事情了。"这两位作者明智地将他们的研究范围限制在了非洲西部、撒哈拉南部的住宅，以便以少论多。*Laura Raskin/文*
赵逵/译 夏鹏/校

社区的大师

高盛集团塑造其纽约总部的周边地区。

FRED A. BERNSTEIN/文

任何想在建筑生涯中实现梦想而又没有经验的人，不妨效仿他，帖木儿·盖伦（Timur Galen），他在宾夕法尼亚大学获得了建筑学硕士后，一开始并没有获得应有的关注。他说："这对于全球的顾客来说是一个真正的损失。"（谁又没遭遇到这种情况呢？）目前，他已经是高盛集团（Goldman Sachs）企业服务和房地产部门的负责人，盖伦一直致力于弥补这种损失，他最初雇用了贝·考伯·弗里德建筑师事务所（Pei Cobb Freed）的首席设计师哈里·科布（Harry Cobb）来设计他们公司驻纽约的42层的总部；接着他又引进了美国波士顿的dA事务所来设计该大楼的咖啡厅；请纽约的ShoP建筑事务所来设计大礼堂；美国纽约的普林斯顿建筑学院来设计健身中心。多年以来，他一直负责主持每周与科布以及被选来设计时尚的娱乐设施的年轻土耳其人的会议。科布经多家公司推荐，负责监理和临时协调的工作。

但是，高盛集团的雄心并不仅限于设计其自己的办公楼，还致力于重塑它周围的环境，比如：在世贸中心斜对面的巴特利公园城（Battery）这个相对安静的一个社区中，高盛的第一个目标就是位于科比办公室西侧的一栋红砖建筑，该建筑中有大使套房酒店（Embassy Suites hotel）、君威多元影院（Regal multiplex theater）和多家酒店，科比说，比如苹果蜂酒店（Applebee's），它太平常了，可以出现在任何地方。高盛集团请求因设计了特拉维夫艺术博物馆（Tel Aviv Museum of Art）附楼而闻名的普雷斯顿·斯科特·科恩（Preston Scott Cohen）在这两栋建筑之间的小巷上设计一个玻璃天篷。

斜向的天篷赋予这个30英尺宽的小巷一种建筑的气息，高盛集团委任了一流的设计团队，包括科恩·彼得森·福克斯（Kohn Pedersen Fox）以及密歇根大学的设计主任莫尼卡·庞赛·德利昂（Monica Ponce de Leon）（波士顿dA事务所前主管）一起来对这栋酒店大楼（高盛集团所拥有的）进行更新换代和改造升级，把它改造成纽约的康拉德酒店。一个巨大的台阶把酒店和小巷连接起来——景观建筑师肯·斯密斯（Ken Smith）又增设了一排椅子，该楼的一组商店和餐厅的改造设计由建筑师罗杰斯·马威尔和本特尔夫妇（Rogers Marvel and Bentel & Bentel）完成，这些使其整体面貌彻底改观。

寄希望于设计：普雷斯顿·斯科特·科恩设计的钢筋玻璃天蓬附在贝·考伯·弗里德建筑师事务所设计的高盛集团总部和纽约康拉德酒店中间的小巷上，这是一个联合设计的成果。

以前，对于高盛集团员工来说，公司大楼光滑的现代主义风格现在已经延展到公共区域，因此他们没有什么地方可去，只能向上——进入大楼（这就是为什么公司开在小巷上的后门，在白天要比它高大的前门入口繁忙很多）。

现在，这个改造似乎也能为周围地区带来好处。《翠贝卡街区历史》（Tribeca Trib）的出版商阿普里尔·科拉（April Koral）说，翠贝卡的居民现在开始穿越西大街去购物，去现在的高盛巷就餐（官方称作北尾路North End Way）。如果说这个通道不是完全的"莺歌燕舞"，至少它在"轻吟低唱"。另外，预计花费2.5亿美元升级改造世界金融中心附近公共区域的项目，是佩里·克拉克·佩里建筑事务所（Pelli Clarke Pelli）为布鲁克菲尔德（Brookfield Properties）业主设计的，它也即将开始。

但是盖伦认为，打造一个20亿美元的银行总部需要谨慎，而且这里也基本没有什么与之矛盾的地方。该地建筑群却较少有创新。为科恩的玻璃天篷腾地方需要把电影院的大遮檐移走，这是罗伯特·文丘里（Robert Venturi）可能会喜欢的建筑的复杂性与矛盾性——在建筑学校期间以及毕业后，盖伦都曾经研究过文丘里的著作和作品。但是现在高盛集团掌控的区域怎么是"华丽富豪"的标志呢？巴特利公园城区域最吸引人的仍然是在2002年竣工的爱尔兰饥荒纪念公园，艺术家布莱恩·托勒（Brian Tolle）用公园四分之一的面积打造了爱尔兰乡村风格——在富裕堂皇的社区旁站立着纪念贫穷与经济拮据的纪念碑。*Fred A. Bernstein/文 张海会/译 肖铭/校*

特约编辑弗雷德·A·伯恩斯坦（Fred A. Bernstein）主要研究建筑和法律并撰写相关主题的文章。

摄影（从左起）：COURTESY PRESTON SCOTT COHEN; © PAUL WARCHOL

体积和体量：在巴恩斯美术馆的西端，露台上方设有悬臂的轻质华盖。钢构美术馆建筑（右方）和一个灌注混凝土馆翼（左方）之间连接了一面石灰岩材质的水幕墙。

巴恩斯基金会 The Barnes Foundation | 费城 Philadelphia |
陶德·威廉姆斯和钱以佳建筑事务所
Tod Williams Billie Tsien Architects

巴恩斯风暴

重新布置的搬迁风暴过后，著名的艺术收藏品迎来了宽敞的新家。

BY CHRISTOPHER HAWTHORNE（克里斯多夫·霍索恩）

巴恩斯基金会的新建筑风格备受青睐，新建筑位于费城本杰明·富兰克林公园大道，在5月19日开放，沿费城艺术博物馆直走即到。这座清静、美观且精巧细致的博物馆由生意蒸蒸日上的纽约陶德·威廉姆斯和钱以佳建筑事务所设计而成，是一个集丰富材料和空间创造力组合的优秀设计。

借助路易·康、卡罗·斯卡帕和爱德华·拉拉比·巴恩斯（晚期现代博物馆的主人）的设计灵感启发，新的巴恩斯美术馆显示了其建筑师（该建筑师以设计中等规模的、现已关闭的纽约美国民间艺术博物馆而闻名）具有高超的建筑设计水平。游客参观这一价值1.5亿美元的复合建筑体时，感受最深的是在行程中，不管是从外到里，还是从博物馆的大型公共空间到小型艺术展廊，都体现出深层次的思索。

同时，由于那些在美术馆进行设计时受到的特殊限制，毫不夸张地说，与在宾夕法尼亚州、费城郊区树木成片的美浓地区老巴恩斯美术馆相比，新建筑明显缺少了一些神韵。

此矛盾的根源可以追溯到一个简单的起源：蒙哥马利郡的斯坦利·奥特法官。在2004年年底，奥特法官从巴恩斯基金的托管人那里获得一个意见并赋予其法律效力：作为允许将艾伯特·C·巴恩斯博士的晚年收藏品，从美浓转移至公园大道的交换条件，巴恩斯基金需保证“复制”美术品的展出在其原建筑物中，原建筑物是1925年由保罗·克瑞特设计的优美的意大利风格建筑。奥特清晰的判定即同意了该项转移申请，却又同时要满足巴恩斯博士希望绘画永远留在美浓的规定，由此产生了多年的争议。

在该争论中双方都有合理的辩词。老巴恩斯美术馆提供了一个我们从未体验过的集建筑、艺术和景观于一体的完美结合；任何人都可以感受到伟大的绘画与它匹配的环境之间的亲密关系，一旦丧失这种关系是十分悲哀的；同时，越来越多的人开始涌向郊区。给这些不仅仅是后印象派作家和早期现代艺术的鼎力之作，而且还包括美洲家具和非洲艺术品——这些卓越的收藏品提供一个优秀的展示环境、保证巴恩斯美术馆是永远有品质保证的艺术场所，同时解决（原有美术馆的）公众开放时间限制和公共区域限制问题，是这个新美术馆面临的挑战。

迷失在喧闹争吵中的是建筑师们在为巴恩斯收藏品建造新家——这个复杂的项目中对“复制”概念意义的真实诠释。但是，当你走进坐落在一块

摄影：©MICHAEL MORAN

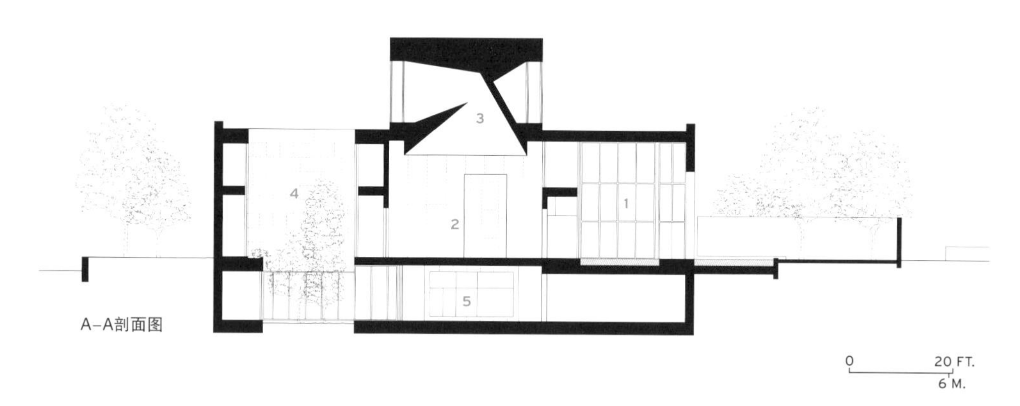

1 入口凹庭
2 庭院
3 轻质华盖
4 美术馆花园
5 解说大厅

宁静的纪念碑：沿着本杰明·富兰克林公园大道，巴恩斯美术馆周围充溢着谦逊朴实的气息（右图），干净、简洁、优美的石材细节，让人回想起费城建筑师路易·康的现代主义作品。其中包含着在费城美浓地区的博物馆。在东南端（左上图），欧林事务所设计的景观使得从公园大道向后方（左图）主入口的过渡得以缓和。在北立面，该入口通往L形馆翼，那里有临时展区及配套房间。（绿色屋顶和光伏电池板有助于该建筑取得LEED白金评级认证。）

细长而且狭窄的4.5英亩的土地上、同时紧邻着克瑞特在1929年建造的罗丹博物馆旁边的这个新建筑的时候，一切就变得清晰了。

不管巴恩斯博士的收藏品是不是在视野中，威廉斯和钱以佳都成功地创建了一个全新的建筑，这个建筑外披大块以色列石灰岩板，并用悬臂吊着巨大的灯箱作为屋顶，无论那些艺术品在哪里展示，建筑师不得不扮演着这种古怪而无味的角色。

重建的巴恩斯美术馆的面积达到93000千平方英尺，是原来面积的10倍，成为当代博物馆建筑逐渐变大的演变过程中最新的典范。穿过由费城的劳里·欧林教授设计的优雅、简洁而且相当正式的景观区，游客通过巨大的、坐南朝北的、远离公园大道的、由橡树木装饰的入口，便可以进入该建筑物。在该L形馆翼的公共区域设计中，印象最为深刻是琳琅满目的石灰岩、青铜及混凝土等触觉材料和各种奇异多变的空间。

宽广的前厅，即采光天井，是威廉姆斯和钱以佳可以真正发挥的地方：其高高悬挂的天花板，是采用与纽约民间艺术博物馆正面相同的折叠版形式，只是用白色吸音石膏板代替了青铜板。大厅毫无疑问是新巴恩斯的社交核心，它将旧的和新的（建筑）清晰地分开，并独立出一个包含临时展览室、咖啡馆和礼堂的条形美术馆。

进入这个条形建筑物，游客将看见重建的（旧）美术馆。在几个地方，威廉姆斯和钱以佳已对原有设计的细节进行了调整。他们简化了造型和门框，拆掉了一些装饰品。美术馆的灯光比其在美浓时更明亮、更清楚。建筑师增加了隔间，包括玻璃封闭的室内花园，并在排列极其密集的绘画作品中为游客提供了休息室。

但在其他方面，美术馆呈现出高雅、精细的迪士尼化风格：新房间的尺寸与原来完全一样，绘画作品也悬挂在相同的位置。两边的墙体遮盖物都是粗麻布。甚至美术馆的朝向都跟以前一样：如果在美浓的时候这个窗户朝南，那么在费城同样的窗户就朝南。

这样的设计结果是形成了一系列令人感到空旷且虚幻的房间，与馆区其余的严肃的、坚实的、偶尔粗糙楼房间形成鲜明对比。在房间中悬浮着那种隐隐约约的、建筑与艺术共生关系表达出一种紊乱的感觉，那种事实上被欺骗的、那种连梵高、克雷斯和莫迪利亚尼都自愧不如的感觉。与赝品感的建筑这么紧密的连接在一起，使得这里的物品和它们的名气相比，多少损失了一些真实感。当然，这引出了一个疑问：新巴恩斯美术馆的不足之处有多少应该是建筑师们的责任？他们不是也被束缚着吗？

美术馆建筑：在馆翼区一楼有巴恩斯的收藏品，主厅悬挂着亨利·马蒂斯的壁画《舞蹈》（上图）。建筑师陶德·威廉姆斯和钱以佳确保作品的比例、大小和布局完好，并重新设计了檐口、线脚、灯光和窗帘。

地板由田纳西大理石铺就。这个美术馆主要展厅面对公园大道；游客从阳台上便可观赏壁画。在二层（对页图，远上左图），建筑师对天花板做了不同的处理，使用了反曲线石膏造型和酸蚀玻璃天窗。

美术馆负一层的成形天花板（对页图，近左上图）正好迎合了美浓美术馆的桶形穹顶。从公园大道立面（对页图，左下图）看，房间好似被镶在内盖夫石灰岩内的木质竖窗中。

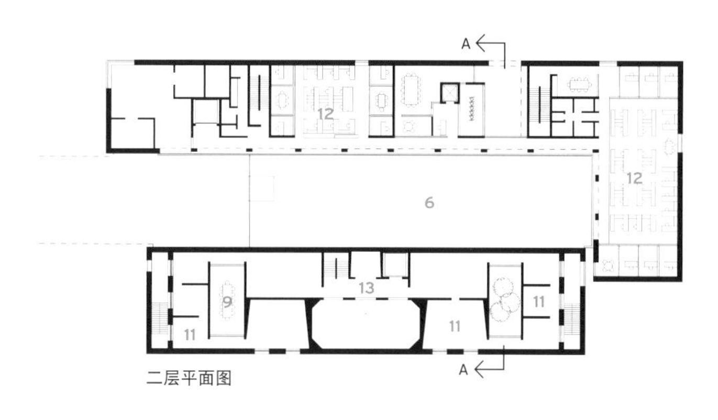

二层平面图

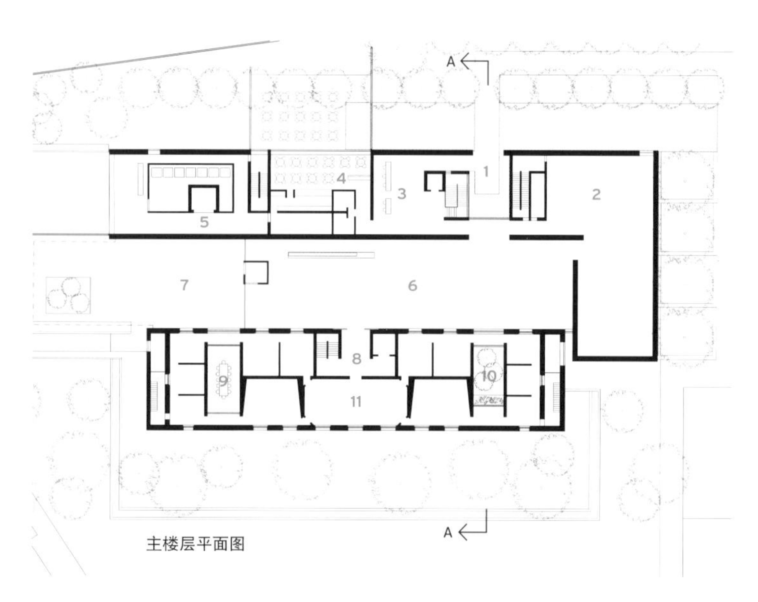

主楼层平面图

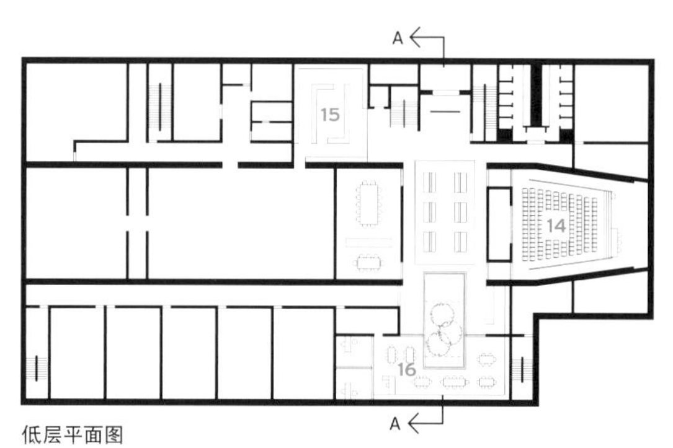

低层平面图

1 入口
2 展览区
3 前厅
4 咖啡馆
5 辅助用房
6 采光天井
7 露台
8 展室的门厅
9 教室
10 花园
11 展室
12 办公室
13 阳台
14 礼堂
15 商店
16 图书馆

建筑师的认同：在临时展厅的馆翼，由胡桃木框架和凿刻石灰岩墙壁组成的楼梯（上图）将下层与前厅相连接。美术馆侧翼自采光天井（右图）伸进。一个小型封闭式花园将整体重建的巴恩斯美术馆分开。

诚然，是巴恩斯基金会倔强的坚持建立一个旧美术馆的臆想，让建筑师们陷入了一个力求复制旧美术馆原貌的窘迫困境。讽刺的是，威廉姆斯和钱以佳巧妙地修改了美术馆的一些细节设计，充分显示了这些房间可能会多么的让人印象深刻，（这些修改）为建筑师们赢得了从头做起的机会。建筑物其他房间的高品质也从另一方面说明了这一问题。

但是，仍值得指出的是建筑师们明确知道他们的初衷是什么。巴恩斯基金会提出的限制条件表明了这个美术馆是要被复制的。威廉姆斯和钱以佳的设计直接源于他们即便是错误策略，甚至源于他们可以控制的信念，在最后使之实现。*Christopher Hawthorne/文 肖铭/译 赵逵/校*

克里斯托弗·霍索恩（Christopher Hawthorne）是《洛杉矶时报》的建筑评论家。

休息空间：采光天井（上图）将美术馆的展厅和L形临时馆翼分开，L形临时馆翼用于临时展览和附属功能空间。有一定角度的轻质雨棚使用无缝吸声灰膏覆盖；地板则为可回收的重蚁木。

项目信息

建筑师：Tod Williams Billie Tsien Architects
—— Tod Williams and Billie Tsien（主要负责人）；
Philip Ryan（项目经理）；David Later（项目建筑师）；
Robin Blodgett（助理项目建筑师）
合作建筑事务所：Ballinger Architects and Engineers
工程师：Severud Associatese（结构）；
AltieriSeborWieber Consulting Engineers
（机械/电气电器/管道）；Hunt Engineering（土木）
顾问：OLIN（景观）；Pentagram（绘图）
总面积：9.3万平方英尺
建设费用：1.5亿美元
建成日期：2012年5月

材料供应商

外墙材料：ABC Stone（石头）
天花板：BASWAphon（吸音板）；
Tectum（房屋后部空间）
窗户：Duratherm（木材）；
JE Berkowitz（玻璃）
门：AssaAbloy（金属门）
罩面漆/室内陈设：Armstrong（悬吊架）；
Milliken（地毯）；Knoll（椅子/室内装饰件）
灯具：Zumtobel（射灯）；
Artemide（工作照明灯）
水管装置：Kohler；Hansgrohe

费城向前进

巴恩斯基金会落户本杰明·富兰克林公园大道，有望推进费城打造艺术之都的未来。

BY DIANA LIND（戴安娜·林德）

夹在首都华盛顿和经济文化传媒中心纽约之间，长久以来，费城已形成了一种自卑情结。然而，自2006年以来，费城新增近9万人之多的人口，这不仅终结了1950年开始的人口下降趋势，同时也证实了费城的东山再起。费城的振兴是很艰难的，也是无可争议的。在费城为吸引眼球和发展旅游业而努力的过程中，最具代表性的例子是在2004年，当时州政府、极具影响力的Pew公益信托、伦费斯特（Lenfest）基金会和安嫩伯格（Annenberg）基金会实施了一系列意义深远的文化战略：同少数其他本地参与者一起，他们同意向受人敬仰的巴恩斯基金会提供1.5亿美元资助的计划，使得美术馆从美浓（Merion）郊区搬迁至市中心。凭借巴恩斯举世闻名价值25亿美元的艺术收藏，巴恩斯美术馆搬迁至市中心计划的实施，对于费城来说是一个重大胜利。

陶德·威廉姆斯和钱以佳建筑事务所（Tod Williams and Billie Tsien Architects）为巴恩斯美术馆设计的新建筑，是一座巨大的覆盖着石灰岩板的建筑，巧妙地平衡着它作为城市著名建筑的角色和实际艺术画廊角色亲切宁静氛围间的关系。这座高贵庄严的博物馆与周围的城市结构达成了隐然的自然连接，而其艺术项目也为城市文化景观增添了亮丽的一笔。同时它明确地表明巴恩斯美术馆将弥补费城的另一片空白：费城一直被视为美国主要城市中的文化落后城市。如果说华盛顿有众多艺术馆（机构组织）环绕而成的城市中心，纽约有地位尊崇的博物馆群而闻名的第五大道，那么现在费城坐落于本杰明富兰克林公园大道上的费城艺术博物馆、罗丹博物馆和富兰克林科技馆，在漫长孤独的等待之后，终于等来了优秀的巴恩斯美术馆，一起组成文化艺术的中心。

本杰明·富兰克林公园大道长1.5英里，作为城市美化运动的一部分，在1917年，由法国城市规划师雅克·格雷伯（Jacques Gréber）设计、呈对角线

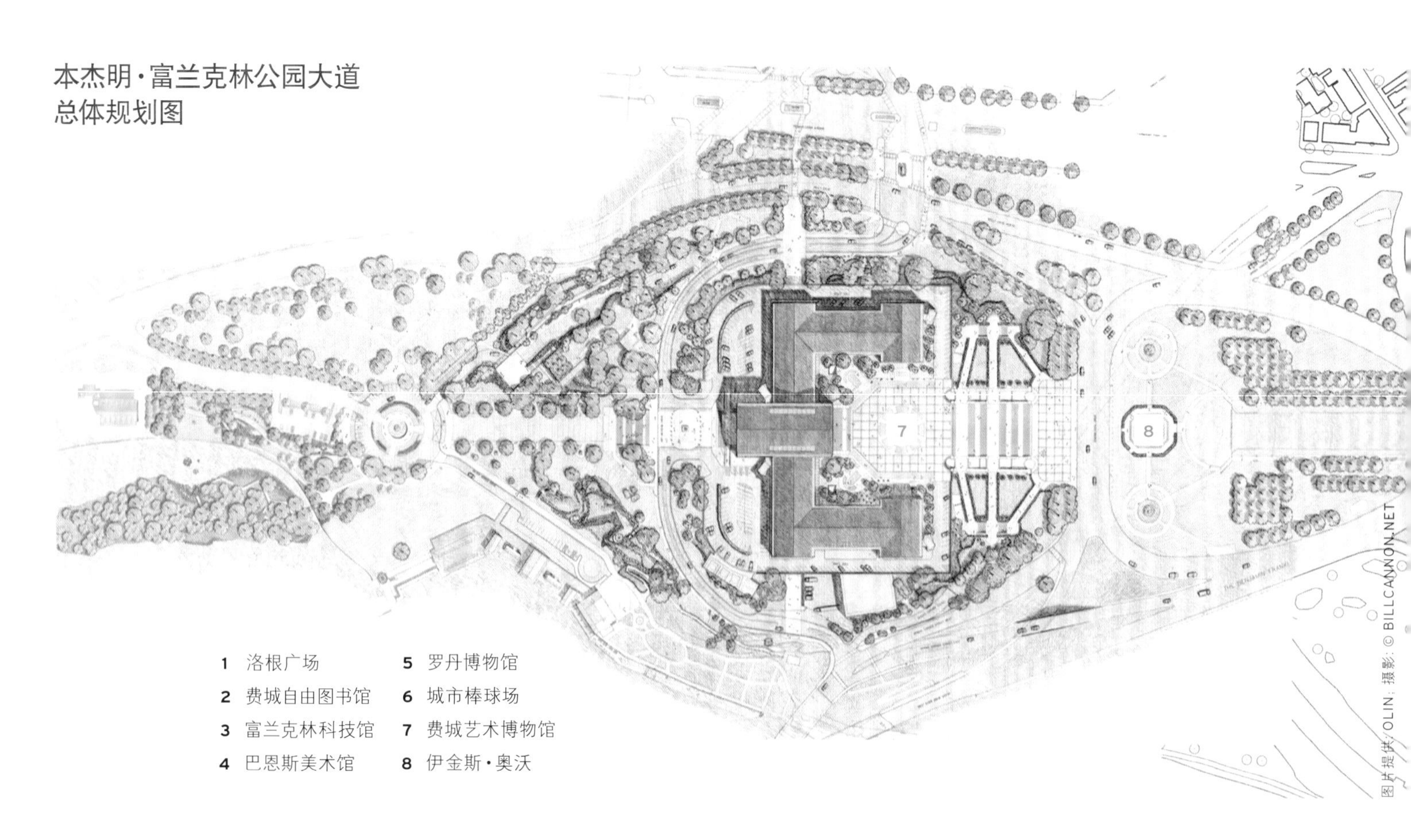

本杰明·富兰克林公园大道总体规划图

1 洛根广场
2 费城自由图书馆
3 富兰克林科技馆
4 巴恩斯美术馆
5 罗丹博物馆
6 城市棒球场
7 费城艺术博物馆
8 伊金斯·奥沃

图片提供：OLIN；摄影：© BILLCANNON.NET

斜穿过市中心的栅格路网，起于市政厅，止于费城艺术博物馆前。然而，即使这条容纳六车道的林荫大道连接着洛根广场上的赫瑞斯·特朗博尔学院（Horace Trumbauer）包豪斯风格的建筑，并且开始于费城艺术博物馆，也从没有使公园大道成为费城的"香榭丽舍"，然而后来才建设的万安街高速路（676号公路）在洛根广场处、公园大道下方穿过，则彻底破灭了这个希望。

现在巴恩斯美术馆已取代原来坐落于洛根广场西北面、建于1953年的旧式现代建筑——青年研究中心，由卡洛（Carroll）、格里斯代尔（Grisdale）和丸·阿伦（Van Alen）设计的；毗邻特朗博尔（Trumbauer）的费城自由图书馆（1927年），且莫西·萨法迪（Moshe Safdie）仍然在为图书馆的扩建募集资金；在巴恩斯美术馆的另一面是罗丹博物馆（在1929年由保罗·克瑞特（Paul Cret）设计完成，同时保罗·克瑞特也在1925年设计了位于美浓（Merion）的原美术馆大楼）；而在公园大道南面则坐落着富兰克林科技馆（1934年）。在这条拥有重要文化机构的大道上，巴恩斯美术馆和富兰克林科技馆俨然已成为通往那曾被遗忘的、庄重的、那种三条带状树木组成的林荫大道的大门。宾夕法尼亚大学艺术历史教授大卫·布朗利（David Brownlee）称，巴恩斯美术馆的出现，"让人走在公园大道上感到更加愉悦，且从心理上有种公园大道变小了的感觉，这种体验远远超过接连不断的建筑物给人带来的兴奋。"

这种愉悦来源于巴恩斯美术馆准公共场地的设计，在行人从市政厅（翻修中）的迪尔沃斯（Dilworth）广场到斯库基尔河（Schuylkill）旁的小径，再到艺术博物馆背后菲尔芒特（Fairmount）公园的行走过程中，享受到一系列各种亲切温馨的公园空间体验。在巴恩斯美术馆及其周围的场地设计中，其设计不仅能够实现规模大小和特征特色的转变，同时也将12英尺的垂直落差在一个斜坡中得以过渡。景观设计师劳拉·奥林（Laurie Olin）就职过的景

丰富的视图：伊金斯·奥沃，位于费城艺术博物馆东南方，树立着由雕刻家鲁道夫·希梅林（Rudolf Siemering）的作品"华盛顿喷泉"雕塑。这座雕刻于1897年的雕像，于1928年搬迁至此处，沿着绿树成荫的本杰明·富兰克林公园大道面向市政厅。

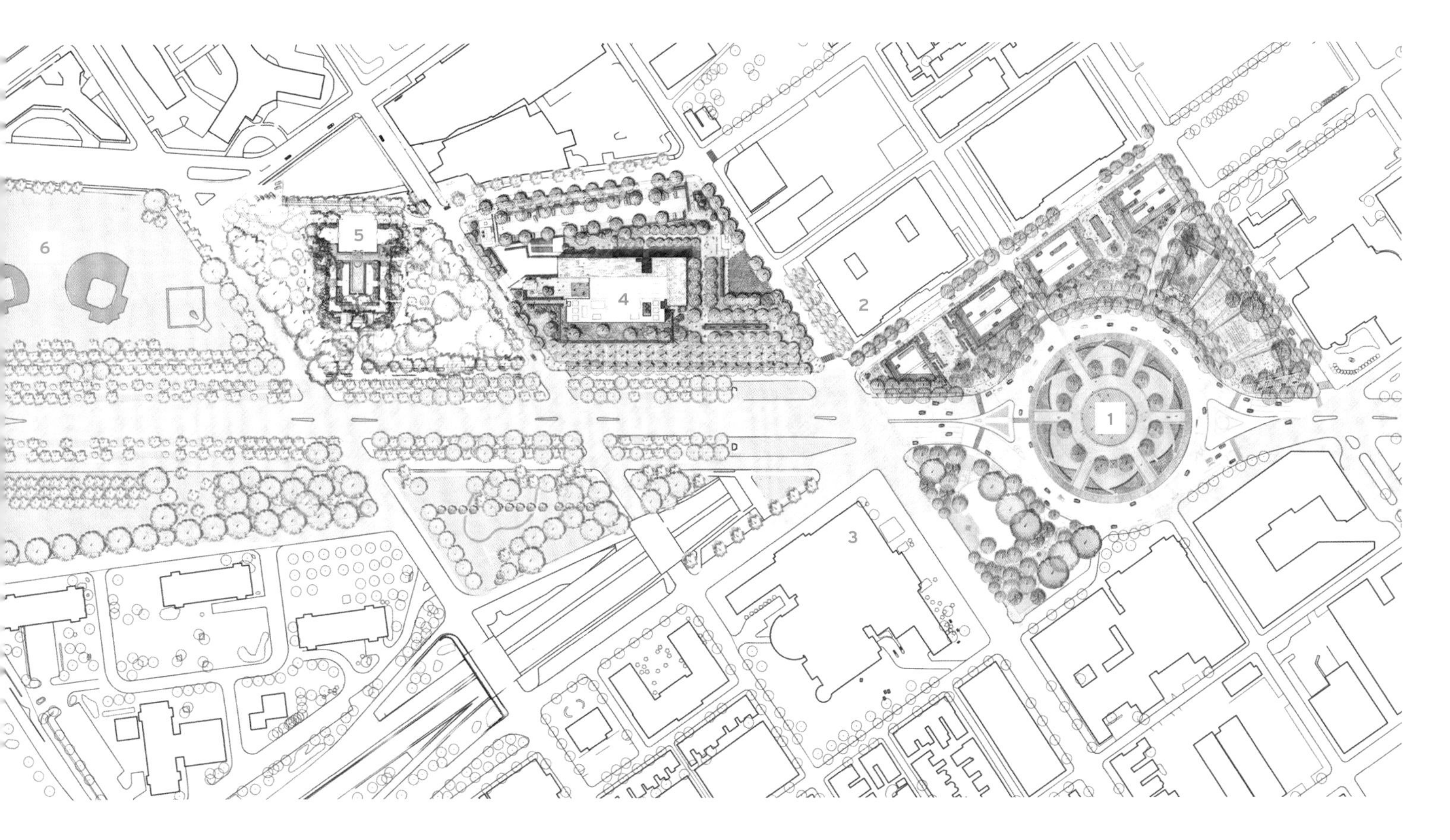

登陆architecturalrecord.com观看更多幻灯片。

观设计的事务所，曾经负责整个公园大道的景观设计，劳拉·奥林在设计中力求将游览者从市政大道带入一个围合感的庭院花园，在那里游人将体验到巴恩斯美术馆和周围环境之间亲密相连的温馨氛围。建筑师陶德·威廉姆斯称这栋建筑“想成为公园大道上一个安静的市民”。的确，其米色石灰岩墙壁和半透明的玻璃屋顶结构，使建筑与周围的景色完全融为一体。当游人最后在博物馆北面远离公园大道的地方找到入口时，会有一种发现珍宝的感觉，就像经历了一场去美浓（Merion）的短暂旅程。

巴恩斯美术馆所营造的与世隔绝的氛围在城市中是很少见的，但这也差点被其北面一座不合时宜的附属停车场破坏了。游人毫无疑问会把巴恩斯美术馆当做公园大道上的一部分，但当地人则更喜欢从旁边的小巷子进入这栋建筑。卡尔韦尔（Callowhill）街位于博物馆后方，连接着规则的公园大道和东面几个街区远的比较凌乱的阁楼区。那里有一座雷丁（Reading）高架桥，是一条已被荒废的铁路高架桥，类似于纽约高架线，这个桥正在进行景观美化建设，希望让周围的社区重新恢复生机与活力。这座高架桥就像是一个现代的、更紧凑的公园大道版本，其周边点缀着恰当的小规模美术馆，这些美术馆都是未受认可的公共艺术。

费城的行政官员热衷于支持这些后备文化走廊，否认巴恩斯美术馆是城里主要的景点；相反，他们认为巴恩斯美术馆只是一系列令人瞻仰的艺术文化遗产之一。举行开幕式的同时，也启动了伴随着的一个全新的两年旅游项目。费城艺术文化和创意经济办公室首席文化官盖里·施托伊尔（Gary Steuer）说，“在艺术方面，阿尔伯特·巴恩斯（Albert Barnes）是一位现代艺术收藏家。当我们庆祝巴恩斯美术馆开幕时，我们认识到这不仅仅是一座为尘封的艺术提供表现自己舞台的城市，这是一个使艺术得以生存、呼吸，并且在今天可以创造艺术的地方。”

当被问到是否这栋建筑与费城当地的建筑风格相一致，威廉姆回答说，他参考了路易斯·康、弗兰克·弗内斯（Frank Furness）和特朗博尔（Trumbauer）的作品。这些联系可以清晰地从建筑师对传统材料的选择以及糅合现代主义建筑的技巧和细节中看到。新与旧的结合让人想起费城多年来许多增设和改建的建筑，它们都保持着谦逊的姿态，并且没有借助罗布特·文丘里（Robert Venturi）和丹尼斯·斯科特·布朗（Denise Scott Brown）著名的一些对类似建筑的谴责评价，竭力表明“我是一座纪念碑”。通过历史与现代两个极端之间的对话，巴恩斯美术馆为费城回首历史和展望未来提供了一条前进的道路。*Diana Lind/文 肖铭/译 赵逵/校*

戴安娜·林德（Diana Lind），《美国城市的未来》执行董事和编辑。

后门：事实上，巴恩斯美术馆入口位于建筑物北面的东端，并不在公园大道上。一座园林庭院将这栋建筑从前面停车场隔离开来，停车场靠近西北端有货物装卸口。

摄影：© MICHAEL MORAN

俄克拉何马城，值得称道！

公民倡议和能源产业投资推动，
平原城市吹响以设计提高生活品质的号角。

BY STEVE LACKMEYER（斯蒂夫·拉克迈尔）

摄影：©THOMAS TUCKER；地图：NORMAN HATHAWAY

尽管最低温度达100华氏度，这个夏天，俄克拉何马市的居民仍旧大批地聚集在一片开阔的草坪上，享受着每周一次的露天电影。而这片草坪就在已初显轮廓的50层戴文能源中心大楼的另一边，观众们在欣赏电影的同时，也见证着这座城市中心正在发生着的巨大变化。

俄克拉何马市城区不规则地向外延伸着，这座城市以其对汽车的狂热和对大盒子式建筑、连锁商店的热衷而闻名于世，但这里却找不到精品购物商城和时尚风格的建筑，就是这样一座城市正发生着一项强调建筑和设计的复兴运动，以全新的姿态关注着城市建筑和设计。早在1989年，市议会成员已宣布城市中心区的衰亡，但现今市中心已成为越来越多的文化艺术人群聚集地，他们通常聚集在市中心，放映独立电影，举办现场音乐表演或者其他文化盛事。俄克拉何马市不仅幸存于2009年的“大萧条”，甚至欣欣向荣更甚往昔。2010年到2011年期间，俄克拉何马市私营单位就业人数激增2.75%，提供12000个新的工作岗位，位列全国第七，其中新增零售业工作岗位3.68%，位列第三。去年俄克拉何马市的人口增长排名全国第34位，并凭借4.9%的失业率在100万以上居民大城市失业率中排名全国最低。尽管俄克拉何马市曾经一度取消了交响乐团，但近年来其艺术娱乐领域就业人数在美国城市中排名前10。能源产业公司、航空业以及生物科技公司则将这座拥有120万人口的大都市推向今年盖洛普创就业指数的榜首。

在城市改造的核心地带，新戴文能源公司中心大楼彰显着俄克拉何马市建筑群的巨大变化，而桑德里奇（SandRidge）能源公司附近耗资1亿美元的改建工程正在进行中。南面，造型优美、轮廓清晰的船屋排列在俄克拉何马河边，这里曾经被世人嘲笑，而如今，这里却成为越来越多的业余赛艇爱好者、大学生赛艇爱好者以及奥运赛艇运动员的胜地。

《郊区国家》和即将面世的《步行城市》作者杰夫·斯派克（Jeff Speck）盛赞俄克拉何马市如何快速通过180号项目，改造了市区街道和人行道。

这项耗资1.5亿美元的提案，计划通过税收增长的金融区提供资金，该金融区伴随戴文能源公司中心大楼的建设而形成。在短短四年时间内，所有单行道都改造成双行道，并增加了路边停车位、自行车道、绿化带、照明设施以及其他便利设施。“在我工作的汽车导向城市中，从没有一座城市像俄克拉何马市这样为了行人和自行车的便利，愿意对其街道结构进行如此巨大的重组改建工程”，斯派克（Speck）说道。

能源产业投资促进了本次复兴的部分项目，但建筑师们则认为这次城市改造更加细腻，并且早在20年前实行公民倡议时就在孕育形成之中了。汉斯·巴策（Hans Butzer）认为，这座曾经毫无生气的平原城市正期盼着更多宏伟的设计——汉斯设计了公路十字路口上的“天舞桥”（SkyDance Bridge）人行天桥，该天桥的设计曾荣获俄克拉何马市国家纪念馆（为纪念1995年艾尔弗雷德·P·默拉联邦大楼爆炸事件中的遇难者）竞赛大奖。汉斯认为，城市的成长应归功于规划倡议者、年轻而经验丰富的建筑师、公民领袖以及草根阶层的通力协作。“多股力量共同作用在平原上形成了一场完美风暴，将我们推向了俄克拉何马市城市设计这个伟大时代的前沿。”巴策（Butzer）说，“我们只是恰巧如此幸运，这些能源产业公司都相信鼓励更加优秀的建筑和规划将创造出一个在社会、经济和文化方面更加健康的城市。”俄克拉何马市吸引了一些美国顶尖设计师效力于俄克拉何马的能源产业公司。戴文能源公司聘请了康涅狄格工作室的皮卡德·切尔顿（Pickard Chilton）和旧金山的晋思（Gensler），而桑德里奇能源公司则委托纽约的罗杰斯·马弗尔（Rogers Marvel）改造彼得洛·贝卢斯基（Pietro Belluschi）的作品——科尔–麦基（Kerr-McGee）大厦和具有历史意义的原布兰尼夫航空公司大楼，并将其与新的建筑和公园区域相结合，形成一个统一的园区。

天舞桥：新完工的天舞（SkyDance）人行天桥由俄克拉何马市本土设计团队S-X-L设计完成，其外形取材于色彩艳丽的州鸟剪尾捕昆鸟。该团队的设计在大赛中获奖，来完成这座197英尺高、由本地制造的钢体结构建筑。S-X-L团队成员，建筑师汉斯·巴策希望这座大桥将成为富有活力的俄克拉何马市的象征。

俄克拉何马市不仅幸存于2009年的“大萧条”，甚至欣欣向荣更甚往昔！

也许从能源产业投资流入获益最多的本地建筑师当属兰德·艾利奥特（Rand Elliott），切萨皮克能源公司的首席执行官奥布里·麦克伦顿（Aubrey McClendon）委托兰德·艾利奥特承担其占地50英亩的新乔治亚风格园区及其后续的现代修饰改进工程的监督管理工作以及位于俄克拉何马市的首个现代购物中心克拉森·克弗购物中心（Classen Curve）的设计工作。并且凭借着切萨皮克与戴文的鼎力支持，艾利奥特不久前在滨河区设计了三座船屋，为一度遭到忽视的水路运河开启了发展的序幕。

有趣的是，众所周知，艾利奥特曾批评能源公司在20世纪80年代繁荣期留下的建筑后遗症。“80年代早期那些追其名利的人来到了俄克拉何马市”，艾利奥特当时说道，“他们把我们看做三级级城市，并将其自认为我们需要的东西强加于我们。把我们当做容易上当的傻瓜。石油热期间，盒式建筑突然出现在各个地方，它发生的如此迅速以至于我们都难以停下来，想一想它将带来怎样的长久影响。”现在，艾利奥特认为这座城市已经处于成熟期了，而设计也随着这座城市成熟了。“我从未想到俄克拉何马市能够像现在这样成为一个团队”，他说，“在20世纪80年代，一小部分有影响力的人管理着这座城市，而今领导者的范围更加广泛。在20世纪80年代充斥着的是个人利益，而今更趋向于集体利益。”

活动中心：由“哈佛五剑客”的约翰·约翰森（John Johansen）于1970年设计而成，剧院中心前身是哑剧演员剧院，其保留问题引起了很大争议。开发商眼红它占据了最好的市区地段，而保护主义者则坚持要保留这座重要的建筑（尽管它正在衰退中）。自从2010年大洪水后这里已被闲置，现今则有待出售，剧院的命运仍旧悬而未决。

摄影（从左下角顺时针方向）：© ROBERT SHIMER/HEDRICH BLESSING/COURTESY ELLIOTT + ASSOCIATES ARCHITECTS; ROB FERGUSON; COURTESY ROGERS

桑德里奇公共区：当纽约罗杰斯·马弗尔建筑事务所（RMA)完成桑德里奇（Sandridge）公共区（左图）工程这个项目时，这片公共区将拥有一大片相互连接的公共绿地和两座桑德里奇能源公司旗下的石油天然气公司行政办公大楼。当然，这片公共区中最闻名的是由彼得洛·贝卢斯基（Pietro Belluschi）于1967年设计的30层办公大厦，不久后，这座大厦又进行了翻修。RMA负责人罗伯·罗杰斯（Rob Rogers）说，这项工程的目标是吸引餐馆、商店和其他便利设施进驻这片新的商业区，该项目由芝加哥园林设计师霍尔·肖特（Hoerr Schaudt）和ARUP的环保工作小组共同完成。附近的克尔与考奇公园（Kerr & Couch）和贝卢斯基大楼的翻新工程将被合并，形成桑德里奇公共区的总部。

梅里德植物园：从耸立的戴文能源公司中心大楼穿过一条街，再次焕发生机的梅里德植物园（下图）充满着各式各样的活动。224英尺长的管状热带温室水晶桥坐落在这座占地17英亩的公园中央，它由著名建筑师贝聿铭于1964年设计完成，周围有游乐场、绿化带和圆形露天剧场（下图左方）。伯内特（Burnett）指出，“2010温室暖房（由晋思设计）和公园翻新工程（由伯内特设计）以及戴文能源大楼附近的社区建设，使得这座植物园更加具有实用价值，其中2010温室暖房和公园翻新工程是一项由市政府委托的重大工程项目”，建筑师伯内特说道，“演唱会、万圣节活动以及其他季节性活动，确实让这片区域充满了活力。”

船屋区：3座船棚（其中2座船棚上图可见）由OKC的艾利奥特联合建筑师事务所设计完成，他们给一度被废弃的俄克拉何马河北岸地区带来了生机。最新最高的五层钢结构切萨皮克终点线大厦（上图中间），其混凝土底座上方的悬臂标志着比赛的终点；戴文船屋（上图右方）则属于俄克拉何马市大学的赛艇和皮划艇队。负责人兰德·艾利奥特（Rand Elliott）称，“这些船屋已经受到全国同行的赞赏，且对促进俄克拉何马市成为世界级训练和竞赛城市起到了促进作用。”

俄克拉何马市向其创建的新环境迈进是一项重大的变革，而这个变革很大程度上归功于1993年选民通过的大城市项目计划（MAPS），用一便士的营业税换来了引人瞩目的资本投入。俄克拉何马市的历史曾充满过伟大的理想，如1889年4月23日正是“俄克拉何马土地哄抢热”高潮，当时一万人一夜之间，在当今的俄克拉何马市市区创造了一个帐篷城市。在1910年和20世纪30年代早期（石油引起了俄克拉何马市第一次繁荣期），高楼大厦如雨后春笋拔地而起。但自从20世纪30年代短暂的城市美化运动以来，MAPS是公民领袖第一次在新修公共便利设施提高市民生活品质的同时，还开展各种项目使建筑创意能够融入城市设计和规划之中。

2001年，本地建筑师理查德·布朗（Richard Brown）和纽约的波尔舍克（Polshek）联合建筑事务所（现更名为Ennead建筑事务所）主持装饰派艺术风格的市民中心音乐厅的改建工程，这座音乐厅本身是城市美化运动的遗留建筑之一。本次改造工程也是MAPS引导此次城市转型的重点工程之一。圣安东尼奥河畔步行街式的小径、布里克顿运河和街景改良工程等牵涉到各式各样的MAPS项目，这些项目为苍白的城市社区设计注入了勃勃生机。开发商按照城市改造规划，对在布里克顿仓库区和汽车胡同的许多历史建筑进行了翻修改造，这里原本聚集了许多汽车经销商，现在随着这些区域的兴起，吸引了许多餐馆、商店、办公楼和娱乐场所，而这些地区的繁荣也进一步证明了居民渴望拥有一个可以供他们聚会、购物并享受城市新氛围的社区。

这些变化转而也吸引了一些设计领域的海外游子重返家园，其中就包括维德·斯卡拉穆齐（Wade Scaramucci）。斯卡拉穆齐已在海外工作多年，他的最新项目——城市公寓引入了以前商业区少见的现代的、成本效益高的设计理念。建筑师安东尼·麦克德米德（Anthony McDermid）正致力于一项类似的项目——现代化的雅乐轩酒店（Aloft Hotel），这座酒店就坐落于麦克德米德在这个城市的公司——TAP建筑事务所办公室对面。同时，TAP也正在设计一所新市区小学和一座多用途停车场。建筑师从这两个项目中看到了重塑城市总体印象和城市面貌的机会，并且麦克德米德得到了前所未有的支持，使他能够放眼未来，而非局限于现状。“大众拥有空前的信心”，他说，“他们有信心为增税投票，来启动各种项目。”

随着MAPS获得成功，选民又通过了两项后续提案：2001年市区青少年学校大检修MAPS计划和2009年的MAPS3计划。这两项计划提供资金，新建了有轨电车系统、公园、会展中心以及支持俄克拉何马河沿岸的整修改良项目。首个MAPS项目竣工后，市民的自尊心得到了显著提升，但还不足以挽留当地有才华的年轻建筑师。当巴策在纪念馆大赛上的作品被《时代》杂志评为2000年十个顶级设计之一的时候，他正在其任教的俄克拉何马大学担任一年级和二年级学生的教师，他注意到一个让人忧虑的趋势：他对这些学生毕业后的打算做了一项调查，90%的学生反映毕业后计划离开俄克拉何马州。后来巴策开始上五年级课程时，精心选择真实的可能在核心城区开工的项目作为题目。在这些课程中，学生将他们的作品提交给当地大型公司的行政官员审核，巴策相信现在人才流失的现象已有所缓解。

切萨皮克能源公司的麦克伦顿（McClendon）和戴文能源公司的执行主席奈瑞·尼克尔斯（Larry Nichols）在俄克拉何马市的改造方面都有发言权，从船屋地区的发展，到两家公司总部的修建以及其他当地投资等项目中，他们均为城市的改造做出了巨大的贡献。同时，他们也支持修建便利设施，吸引年轻一代更多地关注资源的可持续利用问题。切萨皮克园区新增了艾利奥特的最新设计——一座带有绿色屋顶的地下车库，同时在尼克尔斯（Nichols）做的180号项目中，修建自行车道、电动汽车充电站，以及市中心梅里德植物园的更新工程，该工程由奈瑞·尼克尔斯的办公室主持，斯科特·穆拉斯（Scott Murase）担任园林设计师，以及晋思参与。现在公众仍旧谈论着俄克拉何马市的发展和演化，数百名市民出席了市政厅会议，讨论关于新修市区林荫大道的设计工程。“现在不得不承认”，巴策说，“如果会议上有更多的人支持这些决议，将会带来双赢局面。” *Steve Lackmeyer/文*
夏鹏/译　肖铭/校

斯蒂夫·莱克梅尔（Steve Lackmeyer）是“俄克拉何马州人”的一名专栏作家，自1995年起，他一直从事建筑学和城镇规划领域方面的报道。

布里克顿和汽车胡同：城市的复兴不仅体现在OKC的市区中心，而且在距离迅速发展的市中心不远处的俄克拉何马市的邻居布里克顿（上图）和汽车胡同（右图）中同样兴起，他们的历史可以追溯到20世纪20年代的早期。布里克顿原本是一个货运中心，汽车胡同则是汽车行业的中心，现在，它们都获得了新的租赁合同而且获得了新生活。布里克顿及其水上出租车航行运河已聚集了许多餐馆、夜总会以及快餐巨头Sonic公司总部；汽车胡同同样分布着各种商店和餐馆，并且也同布里克顿一样，那里许多砖混结构的建筑成为了出租套房和公寓楼。*Asad Syrkett*/插图文字

摄影（从左边开始顺时针方向）：© RUSSELL CHRONISTER; STEVEN WILSON; BEAU WADE

戴文能源中心 Devon Energy Center | 皮卡德·切尔顿 Pickard Chilton

与长空夺美

50层公司总部在大草原上崛起。

BY BETH BROOME（贝丝·布鲁姆）

若某个建筑可以称之为俄克拉何马城复兴的标志，那绝对就是由纽黑文的建筑师皮卡德·切尔顿（Pickard Chilton）设计的这个晶莹剔透的新戴文能源中心。它以50层的高度屹立于以低层建筑为主的市中心，这一玻璃与钢结构的大厦很快成为了这座尽管仍在边缘挣扎，却也在不断崛起的草原城市的象征和奇迹。

戴文能源公司（Devon Energy Center）是一家独立的石油和天然气开采和生产公司，于1971年在俄克拉何马城成立。历经多次并购，公司很快发展了约2000名员工，分布在市中心五个不同的老办公楼中。意识到将各办事处进行合并的必要性，公司于2006年重新启动了2002年制定的"翦尾捕昆鸟运营"计划（该计划以州鸟的名字命名），以开发一处新的公司总部。虽然休斯顿市几度向戴文公司示好，同时愿意提供其他的地方性能源利益。但是戴文管理层坚持要留在俄克拉何马城，甚至拒绝考虑迁至城郊，"在未来的几年，我们能够看到这座城市将逐渐变得伟大"，公司行政副总裁柯拉厚德·肯克（Klaholt Kimker）说道。此外，肯克认可当地管理机构体制的改革，以及用于推动城市变革而引入的MAPS计划（针对大都会设施改良而实施的小额营业税）。他说："新的领导能够创建一种让戴文公司被普遍接受和成功的环境。"

出入口：综合大楼前中庭内空有6层楼高（左图），呈圆筒状，担当这大楼的前门。一座顶篷（下图）提供了一种从咖啡区及其座位区到草木葱郁的绿化区的过渡，这些区域都对戴文的员工和公众开放。

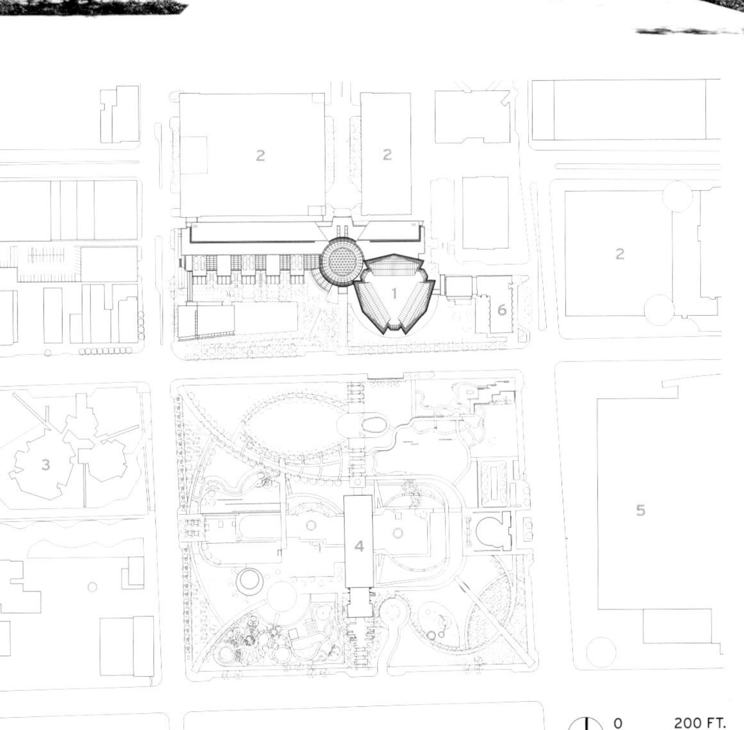

总平面图

1 戴文能源中心
2 停车场
3 活动中心
4 梅里德植物园
5 卡克斯会议中心
6 科尔德酒店（关闭中）

摄影：© ALAN KARCHMER（左下图）；BETH BROOME/ARCHITECTURAL RECORD（上图）；SIMON HURST（右图）

1 大厦
2 主圆形大厅
3 北圆形大厅
4 公共礼堂/餐厅耳房
5 勒布咖啡厅
6 礼堂
7 草坪

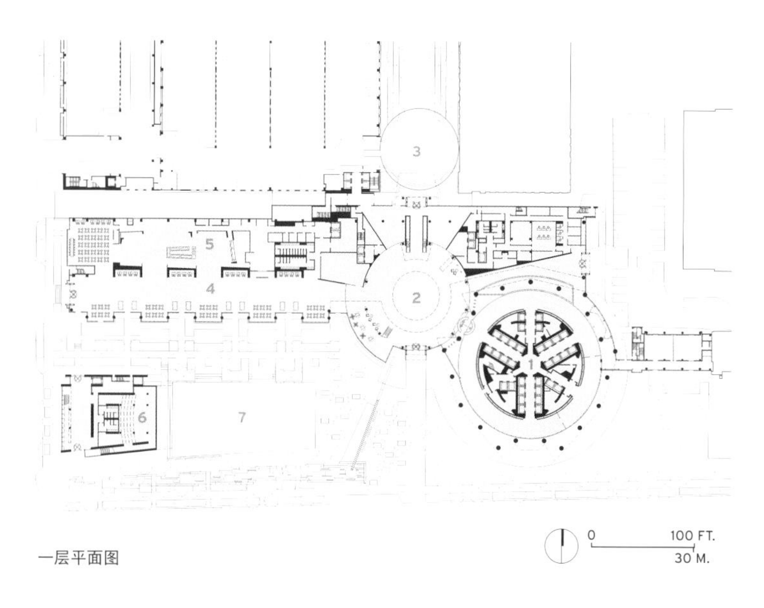

一层平面图

2008年，在审评了几家杰出的实力派建筑公司的资历后，戴文能源公司最终选择了皮卡德·切尔顿（Pickard Chilton）——这家公司当时有难以置信的17座高层建筑项目正在世界各地进行建造（其中12座位于北美）。尽管最终的综合大楼将含有若干个包括公共便利设施的低层建筑体，但毋庸置疑的是，大厦才是其意义所在。但是，“建立该城最高的建筑物并不是戴文能源的执行总裁拉里·尼克尔斯（Larry Nichols）的终极目标”，负责人约翰·皮卡德（Jon Pickard）提道。他说：“遵守并满足戴文能源业务需求的原则，我们可以创作某个既特别迷人，又可以实质上成为俄克拉何马城的标志性符号的建筑——这些要求就造就了这座50层的大厦。”

在早期的分析中，设计团队对倒放的箱形结构的优势和效能进行了评审讨论。然后，他们将这种形式作了稍微调整，变成一座具有更有意思几何结构，配设有小平面和斜切面的建筑物，且依然是一座可以发挥出比一般通俗外形能多提供效能的建筑。几何结构要顺应建筑物所在的环境，皮卡德（Pickard）说道。建筑的东北面是市中心，西北面是民族文化艺术区，南面是最近重建的梅里德（Myriad）植物园。他说道：“有太多重要的因素要考虑。我们希望这一建筑可以散发出吸引力和活力，这些因素就形成了一个基于等边三角形的几何结构。”

为了设计一个高效节能并且依然可以传达出高贵、城市化特质的幕墙，团队进行了许多次封闭式的研究，以找出某个策略，在缓解太阳能辐射的同时，又不乏能从周围的环境中脱颖而出，形成了令人叹为观止的风景方案。设计师们最终达成了一致，决定采用混有陶瓷烧结料的玻璃围合成的垂直叶片体，该叶片体由5英尺的连接构件来连接大厦上的不锈钢和铝质的表皮，同时与西翼侧的低层花园相连。在大厦的内部，三角形的平面形式，打断楼层的内部直通通道，“三角”内走廊缩短了人的感知距离，突出了和外部的联系。晋思公司（Gensler）负责建筑内部设计的部门还设计了从天花到地面的落地的玻璃隔断墙，采用了低辐射玻璃和镶嵌内角技术，将充足的日光深度照入大楼。

融入城市的肌理，以打造一个有意义的城市空间是戴文的另一个主要目标。皮卡德（Pickard）说：“尼克尔斯（Nichols）委托我们做的是打造俄克拉何马城市中心区域的一个中心。”为此，尼克尔斯坚持综合大楼的底层对公众开放。因此建筑师们为主入口设计了一个六层高、充满阳光的圆柱形大厅，可以容纳在工作日时忙碌而拥挤的员工，同时也允许游客和当地居民通过。东面，中庭与主楼及简洁的外饰沙必利面板的圆形电梯相连接——当11月内部工程完工后，这些电梯可以送客人去顶层的餐厅。西面，中庭与五层的条状建筑相连接，在这个条形建筑中设置了一个会议和培训中心（覆盖着绿色屋顶）以及底层的一个勒布（Nebu）咖啡厅。紧挨着对外开放的咖啡厅是一片座位区，并可以通向公共绿地区。看起来仿佛将综合大楼与对街的梅里德植物园连成了一片。

同时，根据业主戴文希望修建企业礼堂的要求，设计团队设计了一个能够容纳300个座位的独立礼堂，礼堂的顶部采用了凸起的不锈钢材。这样的一个“顶”不仅稳固了这座建筑物的西边，也给紧挨着的花园提供了一个受保护的空间。作为社区资源，企业礼堂同时也对公众开放。这个项目的最后一部分是科尔德（Colcord）酒店，在2006年，这座精品酒店是由原来与1910年建造的12层办公大楼改造而成。拿到这个旧楼的所有权后，戴文不用再担心工程建设中会引起邻居们的不满和投诉，而且这座建筑同时也是有使用价值的便利设施，它与大楼连通后，又成为综合楼新增加的一个出入口。戴文对周围环境改善的兴趣远不只这些，随着项目进程的展开，公司请求市政府建立租税增长融资区（TIF）来促进梅里德植物园和市区街景的改建工程。达成协议后，戴文提供9500万美元来加速这项改建工程，而更多资金则由市政府负责。

建筑师表示，实用主义是这个项目的核心，而这个项目的目标也是要取得绿色建筑评估体系金质认证。“我们想创造一座美丽的建筑，同时，我们也必须尊重效率和实用性这些与美丽并无关联的东西”，皮卡德（Pickard）又说，“我不认为戴文公司乐意一个艺术家闯进来说，‘嘿，这是我的雕刻作品，希望你喜欢’。”但是，这座高耸的建筑轮廓尤为醒目，在天际线、在周围环境中、在人们站在楼前向上看得时候发出的惊叹声中，它那无可争议的强大力量奠定了它的偶像地位，象征着在俄克拉何马重新振兴的城市主义。*Beth Broome/文 肖铭/译 夏鹏/校*

开放区：大厦西面是一个类似酒吧形式的大空间，占地5层楼，内部设有勒布（NEBU）咖啡厅和座位区，气氛活泼明朗，对员工和游人开放。

项目信息

建筑师：Pickard Chilton——
Jon Pickard, William D. Chilton,
Anthony Markese (合伙负责人);
John Lanczycki (项目经理)
记录建筑师：Kendall/Heaton Associates
工程师：Thornton Tomasetti (结构);
Cosentini (机械/电气/管道);
Smith Roberts Baldischwiler (土木);
Morrison Hershfield (幕墙、屋顶、防水)
总承包商：Holder, Flintco (合资企业)
方案设计与室内设计：Gensler
顾问：Office of James Burnett;
Murase Associates (景观)
业主：Devon Energy Corporation
面积：190万平方英尺 (建筑)
建设费用：未公布
建成日期：2012年11月

材料供应商

幕墙：Permasteelisa (金属、玻璃、
金属嵌板、雨幕); Viracon (金属、玻璃);
MG McGrath, Firestone (雨幕)
窗帘：MechoSystems
屋面：Carlisle SynTec (金属、玻璃);
Firestone (金属)
室内装修：Armstrong (隔音吊顶、弹性地板);
Johnsonite (弹性地板)

人行天桥：阳光普照下的公共圆形大厅，与对面的梅里亚植物园只一街之隔（上图）。大厦底层的电梯厅（右图）装修的十分豪华气派，如沙比利木木板、Calacatta Caldia白色大理石墙壁和克什米尔白花岗岩地板。

摄影：© COURTESY PICKARD CHILTON (左上图)；BETH BROOME/ARCHITECTURAL RECORD (右图)

重建21世纪的条形商业中心。

BY BETH BROOME（贝丝·布鲁姆）

摄影：© LYNNE ROSTOCHIL（除署名外）

克弗的前景

尽管拥有一个听起来很响亮的名字，但或许长条形商业中心是所有建筑中最没有吸引力的建筑类型。这种方便于开车族的零售模式在20世纪中末期的美国迅速兴起，以响应人们从市区中心的迁徙出走。但是就像近年来郊区的生活方式被拿来仔细研究一样，人们对购物文化也做出了重新的审视。从高境界的设计起点出发，艾利奥特联合建筑师事务所最近创作出了克拉森·克弗商业中心（Classen Curve）：一个位于俄克拉何马城市中心北部商住混合区的漂亮新型的零售中心。

至今为止，这个项目总共包括三期，是由切萨皮克（Chesapeake Land Development Company）土地开发公司开发的，而其总公司切萨皮克能源公司（Chesapeake Energy Corporation）是俄克拉何马城最大的用工单位之一。该公司员工最重要的福利设施就是公司位于马路对面、占地面积为111英亩的公司园区，该园区的高速发展，已经成为切萨皮克执行总裁奥布里·麦克伦敦（Aubrey McClendon）手中的王牌之一，奥布里·麦克伦敦已经和俄克拉何马城土生土长的设计师兰德·埃利奥特（Rand Elliott）合作开发了无数个项目（包括该园区），给这座城市留下了深远的影响。

埃利奥特（Elliott）有一种方法，可以将听起来微不足道的委托项目变成一个壮举。这样的实例有：拿下了66号公路旁的加油站、餐馆和便利店，合并它们并创作了Pops餐厅，成为一道炫目的路边风景线（《建筑实录》，2009年5月，第72页）；为柯克帕特里克石油公司（Kirkpatrick）设计了俄克拉何马城亨尼希（Hennessey）处的一座区域办事处（《建筑实录》，2012年5月，第132页），使之成为该城主要街道的一抹时尚而具象征性的元素。凭借负责设计这个购物中心项目，埃利奥特再一次嗅到了超越自我的机会。他说："'大盒子'的卖场侵略了这个世界，它们根本不能被叫作建筑，只能称之为楼房。今天，利用这个新零售中心的机会，来纠正一切的错误。"

说到灵感，埃利奥特回忆起了他童年的个人经历，那时候，他和家人每逢星期天都会前往俄克拉何马市中心吃午餐，然后便是一下午的浏览橱窗式的购物。他此次采用美观而极简风格的设计，旨在重建以休闲为目的的购物传统，也为购物环境营造一份久违的尊严。

克拉森·克弗商业中心（Classen Curve）——因北克拉森大街（North Classen Boulevard）的弯曲形状带得名，这条繁华的道路沿途的外轮廓线相对主要通道而言，是向内弯曲而不是向外的，它将听觉和视觉上的一切干扰隔绝在另一面，并且提供了一个受到保护的环境，可以减缓人们行走的时间步伐。建筑之间设置的景观和有天棚的庭院提供了休息场所，吸引购物者逗留

摄影：© SCOTT MCDONALD/HEDRICH BLESSING PHOTOGRAPHERS（右图）

逛商场：特殊活动招揽了顾客来到购物中心，如这些聚集在红土地（Red Coyote）跑步和健身中心听课的初跑者（上图）。雨水积蓄池改造成装饰性湖（右图）是众多景观特色之一。

1　主力商铺
2　零售
3　餐馆
4　水景
5　居住社区

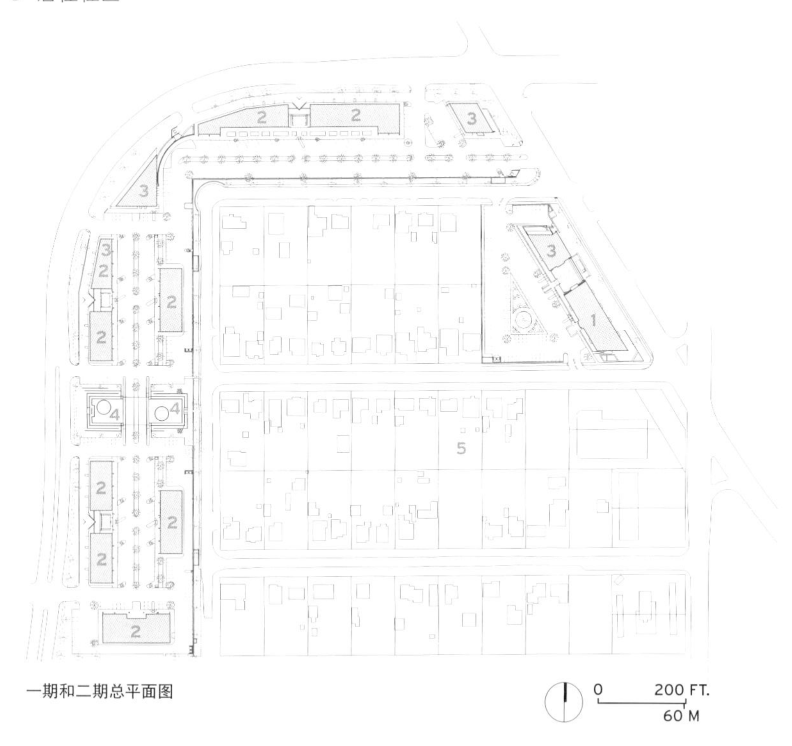

一期和二期总平面图

开放市场：建筑之间安设并采用可拉伸遮阳板遮蔽的庭院（右上图）为购物者提供了一个小憩之处。钢制檐篷为顾客行走在店铺间的时候提供了遮荫（下图）。景观设计一直延至到这些空隙空间之中。

徘徊。即便是一些平常的元素也被进行了巧妙的设计处理，比如蓄水池——设计团队将其改造成了多草的水景景观。垃圾桶被装入加有清洁内衬、外饰黑色阳极氧化铝凸出板的钢结构中，成为支撑标牌用的地标塔。为了打破总室内建筑面积94000平方英尺开发量的限制，埃利奥特设计了一个由13个独立低层建筑组合而成的复合建筑群。钢架结构支撑着用含锰铁斑砖块包覆的水平箱型结构，18英尺高的玻璃店面能够照射到充足的日光，使商品一目了然。独立式的檐篷自始至终贯穿着整个建筑群，给予了该工程项目一定的动态性。用大量的钢构件进行支撑、以钢檩条和波纹板为顶的檐篷，很好地为车辆和人行道上的行人遮风挡雨——尤其是阻隔了夏季炙热的阳光。

以奢华服装精品店巴利埃特斯（Balliets）为主力店，该中心完全由地方零售店和餐馆组成，而非全国连锁店，该中心致力于打造“面向21世纪的现代商业主街”。经营者希望通过将高档零售、餐馆和“生活风”折扣店相结合，促成一个充满活力的氛围——这种氛围可以使购物成为埃利奥特记忆中那种令人备感愉悦的家庭集体活动的感受。尽管该建筑群在2010年9月就已经竣工（并于2011年年中在最后一期工程中增加了更多的车位），但到目前为止许多零售摊位仍然处于闲置状态。而在7月下旬的一个星期四的下午，尽管在给足了冷气空调的餐馆里，充满着兴奋的交谈和忙碌的生意，而商铺里挤满了因为各种特别优惠活动而来的顾客，但是如果你理解俄克拉何马人理所当然不愿在酷热的夏天走出车外这个事实，你就不会因为户外看不到一个购物狂而感到惊奇。

“的确不得不接受汽车这一观念”，建筑师埃利奥特说道。但是不管怎样，购物中心短时间内不会消失。随着克拉森·克弗商业中心的诞生，埃利奥特已经找到了应对美国景观格局杂乱现实的方法，并且通过采用巧妙的建筑解决方案，把一种潜伏着颓废基因的郊区商业模式，转变成都市内的商业中心。*Beth Broome/文*
肖铭/译　赵逵/校

户外：顾客在马太·肯尼全天然饮食餐厅户外就餐区用餐（顶图）。克拉森·克弗商业中心看起来是"内向的"，远离主大街（上图）。受欢迎的CAFE 51咖啡馆与主力商铺巴利埃特斯（Balliets）服装精品店相连（上图背景）。

项目信息

建筑师：Elliott + Associates Architects
—— Rand Elliott, David Buser,
David Ketch（设计团队）
工程师：Johnson & Associates（土木）；
Engineering Solutions（结构）
总承包商：Smith & Pickel Construction
业主：Chesapeake Land
Development Company
面积：9.4万平方英尺
建设费用：未公布
建成日期：2010年9月

材料供应商

幕墙：YKK（金属、玻璃）
玻璃窗：PPG
雨幕：Trespa
防潮层：Dow Corning
屋顶：MBCI（金属）；Trespa
门：YKK（入口门）；Curries
五金配件：Schlage, Adams Rite（锁具）；
Hager, YKK（铰链）；LCN（闭合器）；CHMI（拉手）
室内装饰：Sherwin-Williams（涂料、染色）

宾夕法尼亚州的匹兹堡

昔日的钢都拥抱清澈的河流和绿色设计。

BY CHRISTINE H. O'TOOLE（克莉丝汀·H·奥图）

摄影：© JASON VARNEY; NORMAN HATHAWAY（地图）

匹兹堡的身份与它的工作密切相关。30年前，这座城市失去了它在20世纪时获得钢铁工业基地的名誉和地位，成为“铁锈地带”的一部分，经济上支离破碎，三条污染严重、混浊不堪的河流恣意流淌，它们是俄亥俄河、莫农加希拉河（Monongahela）和阿勒格尼河（Allegheny）。

现在，当地人不仅利用河流工作，而且用来休闲娱乐。在阳光明媚的夏日周末，皮划艇和游船在河水中嗡嗡作响，成千上万的人蜂涌到重新装修的顶点州立公园（Point State Park）去参加户外节庆活动。该公园位于三条河流交汇形成的三角区域。自行车选手和穿着金黑相间服装的运动爱好者快速行进在黄金大桥上。该地区正在改造河畔地带，改造完毕之后将采用新的名字：水带（the Water Belt）。这个名字是建筑师，同时也是卡内基梅隆大学的教师唐恩·卡特（Don Carter）取的。

匹兹堡市非盈利组织——河流与生活（Riverlife）滨水设计智囊团说，为了强调都市设计和环境保护，这个宾夕法尼亚西南部城市已经向公共可及的滨水区域投资1.24亿美元；向市中心的公司、公共、非盈利组织以及娱乐性活动投资40亿美元。在过去的25年里，匹兹堡一直处于不断更新中，如今，该市加大在可持续性方面的投资，在公共空间担负更多地职责：软化滨水区域边缘，在雨水处理和提高水质方面找出长期的解决方案，加固城市中央核心区，把这种增长扩展到老社区。

重工业时代的终结有一个有益的影响：匹兹堡被迫清理棕色地带，主要是在城市中的滨水区域。直到20世纪90年代，匹兹堡市长汤姆·莫菲（Tom Murphy）修建了第一批河边休闲小路，鼓励市民到河边散步消遣。当时，河流与生活（Riverlife）组织为三河公园（Three Rivers Park）制定并实施全面综合修建规划：沿着市区的水岸线建造13英里长的公共绿化带和休闲小路。该组织的CEO 利萨·施罗德（Lisa Schroeder）说，“我们已经显示出城市设计的实力，并扩大向公众开放的滨水区域，重塑匹兹堡的沿江城市形象。”

匹兹堡的经济和滨水地区再一次充满活力，而这个时候其他地区正为此苦苦挣扎。宾夕法尼亚西南部从2010年第一季度到2012年初这段时间就业增长率为3.9%。全国的经济衰退始于2008年，与那一时期相比该地区此时提供更多的就业机会。在过去的六年里，匹兹堡向中央商业区的资本投资额达到50亿美元，最著名的就是PNC金融服务集团的新建大楼。从表面看，城市人口从20世纪中期的峰值68万人下降到30.5万人，但是人口数量还在增长——以一种巧妙的方式增长：匹兹堡和华盛顿一样，有研究生学位的年轻人占城市人口的比例在全国范围内是最高的。同时，马塞勒斯页岩的发现使得匹兹堡成为世界第二大的天然气油田。

持续十年的公私合作项目现在已经结束。除了休闲小路，在阿勒格尼河（Allegheny）北岸还建立了河流赌场（Rivers Casino）和其他两个新体育场：PNC球场和海因茨球场（Heinz Field）。在此附近，该市的文化区重新修复了14个破损的历史性街区。匹兹堡文化信托会管理着超过100万平方英尺的房地产。这些房地产在2003城市会展中心附近，该会展中心由拉斐尔·维诺利（Rafael Viñoly）设计。这是一个唯一满足双重LEED认证标准的会展中心：新的建筑满足LEED黄金级认证标准，运营管理方面满足LEED白金级认证标准。在莫农加希拉河（Monongahela）的南岸有一个占地44英亩的钢铁厂——南部工厂（SouthSide Works），1985年以前这块土地一直由这个钢铁厂占据。索弗组织（Soffer）负责开发这块土地，成功地把它打造成为多功能社区，并扩展了传统的棋盘式街道和桥梁网格。

政府、开发商和慈善机构在最近多个项目上同心协力!

匹兹堡市两个主要的科研机构——匹兹堡大学和卡内基梅隆大学分别坐落在河的两岸，它们快速扩张超过了距离两个校园1英里远的匹兹堡技术中心。两所高校在东端（East End）附近的自由东区（East Liberty）扩建了医疗和高科技实验室空间。自由东区的交通非常发达，附近有快速巴士站。曾经的纳贝斯克（Nabisco）工厂现已成为贝克利广场（Bakery Square），这个广场已经建成两年了，广场上有一个健身俱乐部、一个旅馆、一个零售市场和谷歌驻匹兹堡的办公室，总部设在匹兹堡阿斯托里纳公司（Astorino）设计了这个符合LEED白金级认证的红砖复合楼；另外一个本地公司，斯特拉达（Strada）公司负责设计谷歌广场。该公司的设计中保留了诸多原始细节，如工厂的工业元素。8月份，贝克利广场的开发者沃尔纳特资本集团（Walnut Capital）宣布贝克利广场二期将按照斯特拉达公司的设计，投入1.2亿美元进行扩建。

最近的许多项目把政府、开发商和当地慈善机构紧密结合在一起。这其中包括由19世纪富豪梅隆（Mellon）和海因茨（Heinz）出资建成的慈善机构。“基金会做出了一个集体决策，不仅要在商业区，而且要在其临近社区投资”，重塑城市研究所的所长、卡内基梅隆大学的卡特（Carter）说。因为持续受到城市绿色建筑联盟的支持，基金会为雄心勃勃的项目设立了高的行业标准。这些项目有最近竣工的由设计联盟设计的位于菲普斯温室植物园的可持续景观中心。其1200万美元的教育和研究设施获得来自海因茨基金的260万美元的设计补助金。

尽管从2004年以来，预算赤字使得整个城市都处于国家监管之下，匹兹堡和附近的阿勒格尼（Allegheny）县还是提供指导，这种指导不是以金钱的形式，而是通过政策调节或者激励机制，鼓励更多的建筑项目获得LEED认证。如PNC广场大厦，也就是正在建设中的33层楼高的银行总部大楼，是该市第三个获得LEED认证的核心项目。这个大厦由晋思公司（Gensler）设计，

PNC广场（Three PNC Plaza）：总部位于匹兹堡的PNC金融服务集团（PNC Financial Services Group）拥有世界上最多的绿色办公楼。PNC在全国范围内有160个LEED认证的项目，其中几个大的项目就在匹兹堡，包括PNC广场（上图远景），这是晋思公司（Gensler）设计的装有玻璃幕墙、23层高的多功能办公楼。2009年PNC广场对外开放时，它是最近20多年来市中心竣工的第一座高楼。这座高楼彰显着三个功能空间：旅馆、公寓和办公空间。办公空间还设有独立而且互通的休息大厅。从该楼可以俯瞰到市场广场（Market Square）（上图前景）：被餐馆和零售店铺包围的市场广场最近刚刚整修过，这里聚集着该城市早年的民用建筑，包括阿勒格尼郡（Allegheny County）第一个法院和第一个监狱。

贝克瑞广场（Bakery Square）：2007年，一个匹兹堡的房地产开发商在该城的主要居住区——东端（East End），购买了一直被闲置的纳贝斯克工厂（Nabisco Factory）。这个占地49.5万平方英尺的工厂大楼建于1918年，被重新改造之后在2010年面对公众重新开放。总部设在匹兹堡的阿斯托里纳公司（Astorino）负责这个大楼耗资1.1亿美元的整修工作。在这个复合楼里包括一个旅馆、零售空间和多间办公室。同时，该复合楼还是谷歌公司位于匹兹堡总部新的办公楼，这个科技巨头占据了一个两层高的顶楼公寓，该公寓由本地斯特拉达（Strada）公司设计。办公室采用的是开放式布局，彰显着来自设计师异想天开的设计元素，比如办公室里悬有一个巨大的悬吊床。此外，贝克利广场的二期将计划投入1.2亿美元，将在街道对面建造一个集办公楼、零售区和住宅区为一体的复合楼。

世纪大厦（Century Building）：2009年，地处匹兹堡的文化区市中心，有着104年悠久历史的世纪大厦完成了它的成功改造。这个改造项目由孔宁·爱森堡建筑公司（Koning Eizenberg）负责。原来的12层办公楼被改造成60个住宅单元，零售区和办公区设在较低的楼层上。这个符合LEED金级认证标准的大楼在市区提供了不同收入阶层混合住房；这种经济适用房和正常市价的房子看起来一样，居民可以自由使用健身房、休息区，在屋顶的平台甲板上可以看见阿勒格尼河（Allegheny）的景色。建筑的部分外墙涂上刺眼的石灰绿色，并把巨大的自行车标识刷在上面，这是别出心裁的广告，标明建筑附有的特殊存储空间，面向租户和骑车上下班的人。

摄影（从左边顺时针方向）：© BRUCE DAMONTE; JOSEPH HOFFHEIMER; ERIC STAUDENMAIER

预计超越LEED铂金认证标准。位于菲普斯（Phipps）的新大楼通过多个绿色建筑项目认证，其中包括十分严格的居住建筑要求。市区的地产所有者创建了一个2030地区，该地区计划在2030年实现碳零排放。这一计划的实现使得匹兹堡成为继西雅图和克利夫兰之后的美国第三个达到零碳排放的城市。这个项目覆盖2300万平方英尺的建筑，包括61家地产。

三河流域亟待解决的迫切问题是对雨水以及由此引发的下水道泛滥问题的处理。排污管理专家阿尔库山（Alcosan）表示愿意考虑绿色计划作为改善水质的一个解决方案，该方案可以避免替换昂贵的基础设施。市政府2010年批准的阿勒格尼（Allegheny）滨江林荫道计划预计投入150万美元的联邦资金，把市中心北边公共和私人土地上的水通过管道收集起来，这个方案由佐佐木事务所（Sasaki Associates）和帕金斯·伊士曼（Perkins Eastman）建筑设计事务所负责。该方案着眼于铁路沿线6.45英里长的小径附近的生态栖息地的恢复；该地恢复后不但能够适应现有的铁路货运线，而且增加乘客使用率。

另外一个方案是针对俄亥俄河的，着眼于充分利用卡内基科学中心和河流赌场之间的河畔土地。NBBJ上游水源总体规划提出，在三河公园和已竣工的多种交通形式联运的中转中心附近，建造一个旅馆和公共空间。这个设计依赖现存的雨水储存池，在水入河流之前进行自然过滤，这个过程被河流—生活组织的施罗德（Schroeder）称为水域治理的"一种自然的模式"。当地基金会，包括海因茨（Heinz）基金和布尔基金会（Buhl）捐赠100万美元用于该项目的规划和设计。

匹兹堡基金会和可持续性设计倡导者们合作，共同重新开发莫农加希拉河（Monongahela）上从顶点到河畔180英亩的土地。包括海因茨基金在内的四个基金会捐赠100万美元用于改造曾经的琼斯&劳克林（Jones & Laughlin）钢铁厂，该钢铁厂位于市中心以东3.5英里处的黑兹伍德（Hazelwood）区。由罗斯柴尔德·多诺协作会（Rothschild Doyno Collaborative）负责的可持续性整体规划研究如何利用城市最后一块大的河畔区域：该区域可做高科技研发的办公基地，也可以做工业和住宅使用。基金会额外捐赠100万美元用于基础设施改造。该项目将被纳入工业遗迹，例如铁路机车库和一个占地1300英尺的钢铁厂，同时该项目将扩展现有的滨江小路。"面朝着河是我们值得庆幸的"，公司负责人丹·罗斯柴尔德（Dan Rothschild）说。

在中心商业区附近，匹兹堡最高建筑的阴影处，曾经的美国钢铁公司总部，是一片瓦砾，但这个地区不久要扩建成城市的核心。国家冰球联盟的匹兹堡企鹅队，将在去年拆除的体育场原址上建造占地28英亩的新的体育场（紧临着上述地区）。美国城市规划协会负责的概念性重建计划以社区发展满足LEED认证标准为目标，提倡建造1200个单元，集住房、办公室、零售空间、停车于一体的项目。企鹅队目前在获得LEED金级认证的康寿（Consol）能源中心的隔壁比赛。企鹅队雇用琼斯·朗·拉萨尔（Jones Lang LaSalle）深入社区生活，然后向投资者推销这个项目。业主代表，邓纳姆（Dunham）重组公司总裁克雷格·邓纳姆（Craig Dunham）指出：与其他锈带城市（Rust Belt cities）的大型开发场所不同，旧的体育场空地就在中心商业区旁边。他说："这不是边缘。这个位置把匹兹堡的综合实力和市中心的活动紧密联系在一起。绝对与众不同。"

这个新邻居将会吸引更多的居民迁往核心地带居住。核心地带的娱乐和文化设施会持续增加。30年后，这个城市的钢都历史将会成为遥远的记忆。匹兹堡新的身份将与它所从事的可持续性和聪明增长模式密切相关，这个身份将会深深烙入人们心中。*Christine H. O'Toole/文 邵延娜/译 赵魁/校*

克莉丝汀·H·奥图（Christine H. O' Toole）以匹兹堡为素材作了多次报道，提供给《纽约时报》、《华盛顿邮报》、《国家地理旅行者》及其他国内媒体。

大卫·L·劳伦斯会议中心（David L. Lawrence Convention Center）： 由拉斐尔·维诺利（Rafael Viñoly）设计的大卫·L·劳伦斯会议中心（下图）广阔的屋顶与匹兹堡"三姐妹"桥遥相呼应。这个项目符合LEED黄金级认证标准，占地150万平方英尺的高楼于2003年正式对外开放，也是当时全世界最大的绿色建筑。今年早些时候，该中心的运行和维护管理达到LEED白金级认证标准，成为LEED-EBOM项目的一部分。这是世界上第一个新增建筑和原有建筑同时获得认证的会议中心。2011年，在会议中心的前面建造的滨水广场（底图）竣工了，扩展了原有的水岸线，为行人和骑自行车的人提供了方便。由拉奎丘·邦奇联合事务所（LaQuatra Bonci）设计的公园也为公众提供了娱乐游船项目。

盖茨和希尔曼中心： 卡内基梅隆大学（Carnegie Mellon University）从事计算机科学研究的盖茨中心和从事未来一代技术研究的希尔曼中心的墙壁都是呈直角的锌复合墙，它们于2009年竣工，在校园西侧的沟壑中十分明显。由麦可·斯考金美林埃兰（Mack Scogin Merrill Elam）建筑公司设计的这座复合楼达到了LEED黄金级认证标准。复合楼由两部分构成：一个六层的建筑，一个小的、梯形的四层楼的建筑，这两个建筑由玻璃屋顶的廊桥连接。迈克尔·范·瓦肯伯（Michael Van Valkenburgh）为该复合楼设计了自然主义风格的景观，其特色是五个绿色屋顶和一个冬景花园。卡内基梅隆大学的建筑学院下设建筑性能和诊断中心、计算设计实验室、智能工作场所实验室以及重塑城市研究所，通过这些研究机构，它们一直倡导在城市乃至全世界推行可持续性设计并颇有影响。*Laura Mirviss, Christine H. O'Toole, and Joann Gonchar, AIA/ 插图文字*

图片（从左上角顺时针方向）：© MICHAEL HARITAN, BRAD FEINKNOPF, BRAD TEMKIN; COURTESY ANDROPO GON/RIVERLIFE

阿勒格尼滨江林荫道： 陡峭的河岸、难以磨灭的工业历史为阿勒格尼河的生态修复提出了挑战。1877年的大罢工所在地，铁轨依然运行，沿着河流延伸到横条区（Strip District）。横条区的河流南岸，是一个地标性的市场。安德鲁·泊根（Andropogon）在阿勒格尼滨江林荫道设计的早期计划中建议稳定下沉的河岸，减慢雨水排放。计划要求建造一个不间断的、95英尺长的阻挡水流的阶梯，方便公众使用。邦彻公司（Buncher）提议以复合使用为目的，开发55英亩的土地，其中的部分土地属于林荫道计划的一部分。在水岸和新楼之间50到70英尺的地方限制建造阻挡水流阶梯的问题上争议不断。

PNC广场大厦 Tower at PNC Plaza | 晋思公司 Gensler

让新鲜空气涌入

一座高楼展示了不同于传统密封玻璃盒式大楼的另外一种选择。

BY JOANN GONCHAR, AIA（乔安·贡恰尔，AIA）

PNC金融服务集团（PNC Financial Services Group）位于匹兹堡市的新总部大楼，约有550英尺高，共33层，但是没有打破原来的高度记录。正在建设中的、造价约4亿美元、由晋思公司（Gensler）设计的大楼将在2015年的夏天竣工。新建大楼将跻身于全美国为数不多的属于自然通风的办公大楼之列。人们预料，该大楼将成为全美最高的、采用被动策略进行环境控制的摩天大楼。

"PNC广场大厦（the Tower at PNC Plaza）的设计目标是建造一座'会呼吸'的高楼"，晋思公司的设计总监郝科（Hao Ko）说。高楼的钢体结构被双层幕墙包裹住，双层幕墙外部是自动窗，内部是百叶窗，这种设计有利于新鲜空气流入室内。设计师预计，整座大楼40%的工作时间都会采用自然通风的模式，不需要风扇调节空气流通。

这个方案的主要特征是，"在建筑梯形的楼板中设有两个垂直的烟道构成的太阳能烟囱，这个烟囱会造成'可控的'烟囱效应，即建筑物内热空气上升，从而使热空气排出楼外"，标赫国际工程事务所（Buro Happold）的负责人、该摩天大楼的结构和机械工程师登齐尔·加拉赫（Denzil Gallagher）说。高楼的顶端是占地5000平方英尺、装有玻璃屋顶和混凝土板的房间，房顶向南倾斜为了能够充分地收集太阳能辐射。在春天和秋天的大部分时间里，气温温和，湿度降低——这种构造就会产生压差，使得室外的空气通过可操纵的房屋表面和30英寸大的洞穴吸入进来；同时，室外空气通过楼面板，从太阳能烟囱排放出去。在冬天，这个楼顶房间将会在室外空气流通到大楼内部之前预热空气。

为了使空气一直在高楼里缓慢温和地流通，项目团队在附近另外一座PNC所拥有的高楼顶部建造了一个5英尺X5英尺大玻璃屋顶的房间模拟模型。通过这个模拟模型，他们记录屋顶房间里的空气温度和表皮温度，获得的数据应用到计算流体动力学（CFD）研究和能耗模型。这个过程的最终目的是优化太阳能烟囱的大小和形状。

该大厦的建设顾问们预测了自然通风以及其他方面的特性，比如主动式冷梁技术、高效能的照明设施、自动遮阳设施等，使得该高楼的设计标准超过LEED白金级认证的要求。他们估计，这座高楼将仅仅需要一半的能源消耗，符合2007年版的ASHRAE 90.1标准。

但是节约能源并不是唯一的目标。PNC在全国范围内推出了160个LEED认证项目，它希望这座高楼能够提供更为舒适的工作环境。例如，员工们可以通过多层中庭或者"空中花园"俯瞰全城的景色，这些中庭占据在高楼的西侧，为各类非正式的会面提供了足够的公共空间。此外，员工还可以打开高楼内幕墙上的滑动窗，让双层幕墙中内部的空气流通到办公室里去。郝科还指出，"尽管这座高楼的大部分时间还是要依靠被动通风，但是使用者和建筑之间是一种积极的相互关系。" *Joann Gonchar, AIA/文 邵延娜/译 赵魁/校*

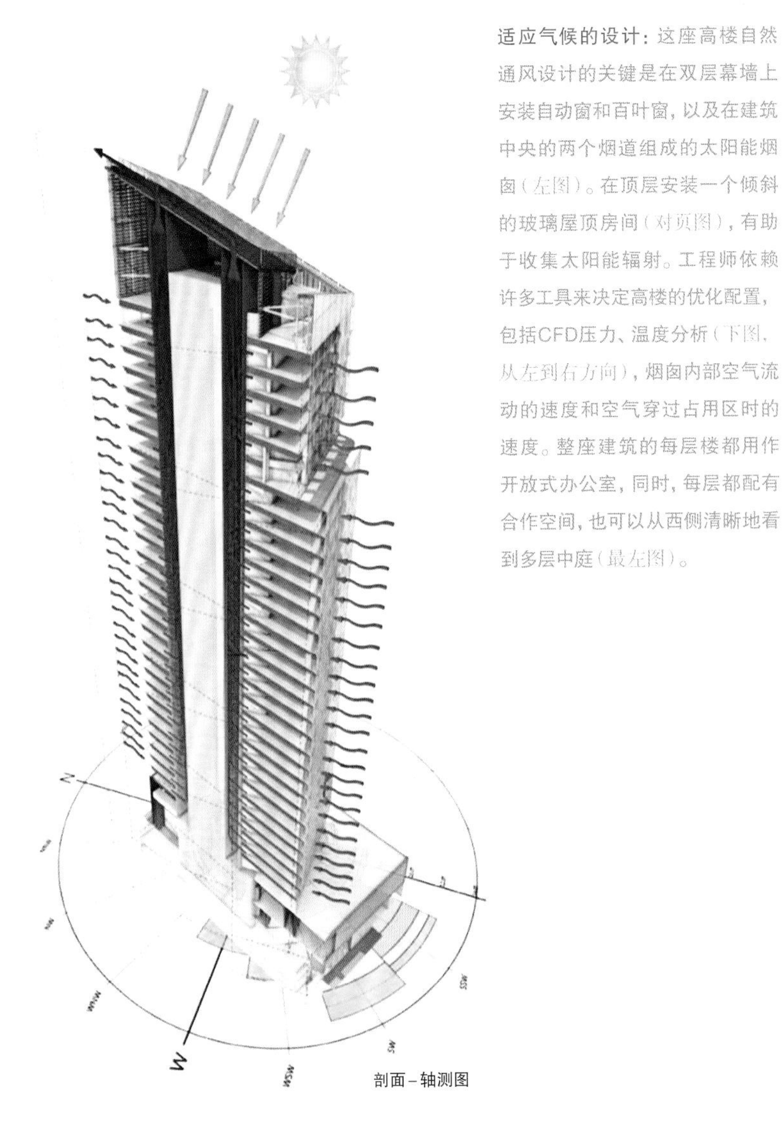

剖面－轴测图

适应气候的设计：这座高楼自然通风设计的关键是在双层幕墙上安装自动窗和百叶窗，以及在建筑中央的两个烟道组成的太阳能烟囱（左图）。在顶层安装一个倾斜的玻璃屋顶房间（对页图），有助于收集太阳能辐射。工程师依赖许多工具来决定高楼的优化配置，包括CFD压力、温度分析（下图，从左到右方向），烟囱内部空气流动的速度和空气穿过占用区时的速度。整座建筑的每层楼都用作开放式办公室，同时，每层都配有合作空间，也可以从西侧清晰地看到多层中庭（最左图）。

项目信息

建筑师：Gensler —— Douglas Gensler（项目总监）；
Lisa Adkins （项目经理）；Hao Ko（设计总监）；
Benedict Tranel, Richard Peake（技术总监）
工程师：Buro Happold（结构，机械/电气/管道）；
Civil and Environmental Consultants（土木）
顾问：Paladino（可持续性）；
Heintges & Associates（楼面）；
Fisher Marantz Stone,
Studio I Architectural Lighting（照明）；
LaQuatra Bonci Associates（景观）；
Boundary Layer Wind Tunnel Laboratory（风力）
总承包商：P.J. Dick
业主：PNC Financial Services Group
面积：80万平方英尺
建设费用：4亿美元
建成日期：2015年夏

材料供应商

幕墙：Permasteelisa
镶嵌玻璃：PPG Industries
电梯系统：Schindler
楼宇自控系统：Automated Logic

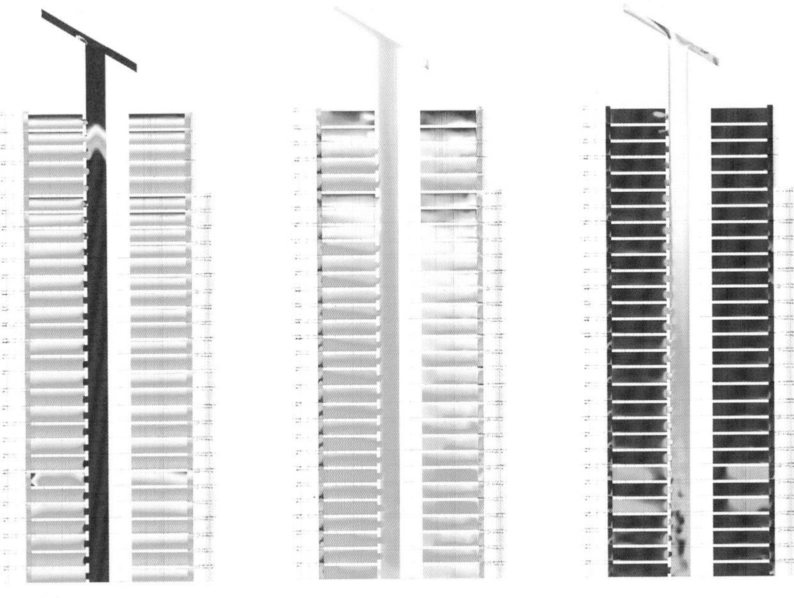

CFD研究

可持续景观中心 Center for Sustainable Landscapes | 设计联盟 The Design Alliance

如何发展绿色花园

集三重功用于一身的温室。

BY JOANN GONCHAR, AIA（乔安·贡恰尔, AIA）

全美最好的绿色建筑就在匹兹堡，例如，可持续景观中心和最近扩建改造完毕、拥有119年历史的菲普斯（Phipps）温室植物园。该植物园改造之后具有良好的研究和教育功用。可持续景观中心，缩写为CSL，获得了三重认证资格，除了LEED铂金认证，这个项目还加入可持续性场地倡导的试点计划。可持续性场地倡导试点计划共有150个设计项目参加，旨在鼓励生态敏感的景观设计实践。菲普斯和CSL团队希望达到四星级，即最高评级。但是他们怀有更大的志向。他们的目标是改善居住建筑的现状，想要达到这个目标就要达到一些很难满足的硬性指标，如零能耗和零水耗的环保绩效。

耗资1200万美元的CSL仅仅是庞大的绿色扩张计划的最新一部分。该计划从与非盈利的菲普斯温室股份有限公司（Phipps Conservatory Inc.）签订一份长达100年有效期的租约开始，并在1993年接管了城市公共花园的管理工作。“菲普斯公司具有获得更大成功的潜力，会成为国家级旅游胜地”，温室公司的执行董事理查德·佩森提尼（Richard Piacentini）说。

新管理项目的第一个投资方案是获得LEED银级认证的、2005年营运的访客中心接待处。第二年，它又完成了两个项目：一个是占地3.6万平方英尺、配有电脑控制的屋顶通风系统的生产温室；另一个是依靠地下管道提供冷气的热带森林温室。

对于CSL来说，到目前为止这个植物园最雄心勃勃的项目就是设计师研发的“合成解决方案”。“在这个方案中，占地2.4万平方英尺的建筑和它拥有的2.65英亩的场地要求作为一个整体来工作”，设计联盟的负责人、同时也是该建筑的建筑师克里斯·米纳立（Chris Minnerly）解释道。该建筑依陡峭的坡形地势而建，并逐级降低；为了减少太阳的照射而配有东西向的长轴。其保暖的结构有：用再生木材制作的、可拆卸的宾夕法尼亚谷仓式样的外壳、光伏板、一个垂直轴风力涡轮机以及一个能够满足能源需要的地热井。

截至发稿时，这个景观项目仍处于建设中。该景观包括水景设计、原生植物材料和水景式花园。“这个方案不仅仅满足于外观漂亮”，安德鲁泊根（Andropogon）事务所的负责人何塞·阿尔米尼亚纳（José Almiñana）说。这个事务所负责整个项目的景观建造。“它将执行切合实际的功用。”

这个景观的一个重要作用就是帮助整个项目能够满足居住建筑的用水需求。CSL及其周围地区将进行雨水收集（特别是下暴雨时）和废水处理。这些水将被用来冲马桶或者弥补温室灌溉对水的大量需求。

例如，从洗涤槽和卫生间流出的废水可以用来浇灌兰花，其前提条件是废水经过多级净化处理。多级净化处理有几种方式：一种是传统意义上的化粪池式污水处理系统；另一种是利用植物，如香蒲和灯芯草的湿地净化系统；还有就是太阳能蒸馏净化系统。

一个雨污分流系统从CSL的生态屋顶及其邻近建筑的屋顶收集雨水，收集的雨水直接流入水池中。水池中的水生植物（在水里茁壮成长的植物）能够帮助去除屋顶雨水中的杂质。经过紫外线处理之后，雨水慢慢地渗入土壤或者贮存在蓄水池中以备日后供非饮用使用。

水池将为鱼和昆虫提供一片栖息地。水池和构筑的湿地把通常在工作日隐秘进行的雨水和废水处理过程转化成为景观便利设施。这些水文要素的处理彰显“全盘系统考虑”思路，该思路激发了整个项目的灵感，佩森提尼说。在CSL，“一个环节的废弃物在另一环节发挥功用。” *Joann Gonchar, AIA/文 邵延娜/译 赵魁/校*

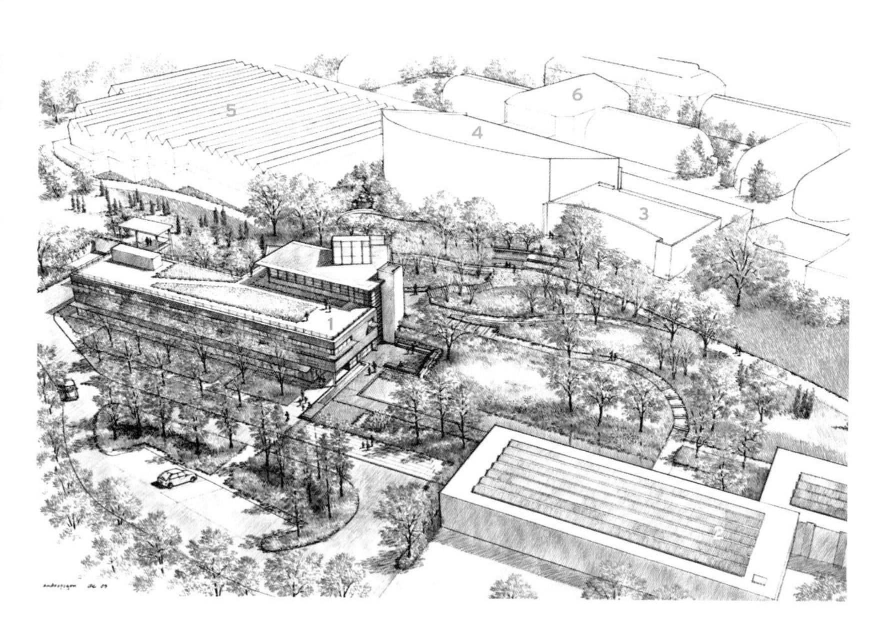

1 可持续景观中心
2 未来辅助维护设施
3 互动空间
4 热带森林温室
5 生产温室
6 历史温室

合成解决方案：CSL（上图）的屋顶包括一个可以食用的、种满开花植物和灌木的循环生态花园。雨水可以通过这个屋顶及邻近建筑的屋顶收集起来，存入水池（右图）中。截止发稿时，水池仍在建造中。在进入最终的紫外线消毒环节之前，水池中的水生植物会将水里的杂质去除掉，如雨水从屋顶冲刷下来的污物。最后，经过处理的水会贮存在蓄水池中以备日后非饮用使用，例如灌溉，或者慢慢渗入土壤。

项目信息

建筑师：The Design Alliance —— L. Christian Minnerly（主要负责人）；John Palmer（技术协调员）；Shannon Beise（室内设计师）；Brandon Dorsey（系统建模技术人员）；Paul Kane, Dave Parker（建筑师）；Ryan Cole（建筑实习生）

工程师：Civil & Environmental Consultants（土木）；CJL Engineering（机械/电气/管道）；Atlantic Engineering Services（结构）

顾问：Andropogon（景观）；evolveEA（可持续性，LEED和居住建筑咨询）；7group（LEED和性能模式）

总承包商：Turner Construction

业主：Phipps Conservatory and Botanical Gardens

面积：2.4万平方英尺

建设费用：1200万美元

建成日期：2012年9月

材料供应商

再生木材外墙：Quaker Barn Company

窗户：Kawneer

镶嵌玻璃：PPG Industries

天窗：Oldcastle BuildingEnvelope

光伏系统：Solar World

能源自动化系统：Automated Logic

图片：COURTESY ANDROPOGON（对页图），© BURO HAPPOLD

俄亥俄州克利夫兰

西储都会重拾都市风格。

BY STEVEN LITT（史蒂文·里特）

克利夫兰长期以来一直被嘲笑为是一座功能失调的城市，库亚霍加河（Cuyahoga River）从市中心穿过，将克利夫兰分为东西二城。1969年，因为河面漂浮的油浸碎片引发了一次大火灾，库亚霍加河也因此声名狼藉。但是今天，库亚霍加河洁净多了，40多种鱼类生活其中，船只在河上来来往往，河上架起无数座桥梁把城市的两边连接起来。东岸公寓项目（Flats East Bank development）包括一个18层的办公大楼、酒店、夜总会和公寓大楼，耗资2.5亿美元，在大桥之间拔地而起。与此同时，"燃烧之河"成为当地大湖酿酒公司（Great Lakes Brewing Company）生产的一种淡啤酒的名字——这看似违背常理，因为"燃烧之河"本来记录的是克利夫兰市一个重要的耻辱记录，但是用在这里却大有自豪之感，成了一个衡量克利夫兰迄今所取得进步的指标。

克利夫兰市在20世纪50年代有将近100万的人口，现在已经缩减至不足40万人口。尽管如此，当前克利夫兰正处在斥资60亿美元大开发的阶段，从大的商业区项目到六个街区的精细复兴项目，包罗广泛。一批年轻的专业人士，因为技术、数字媒体营销和生物医学公司的吸引而大量涌入，导致市区房屋租赁市场出现供不应求的状况，约有1万人要找房子，这个数字还在增长中，入住率基本上达到96%。

迈克尔·克里斯托夫是一位建筑设计师，年方三十，是在俄亥俄州的加菲尔德农村长大的。他说，他于2004年从肯特州立大学毕业之后,决定留在克利夫兰，是因为他看到了这座年轻人曾经逃离的城市里有许多新的机会。"如果你有想法，并且有足够的热情去实现它，那么克利夫兰人会支持你的"，他说，"你可以放手去干并得到支持。"

克利夫兰的变化在距离市中心以东4英里的大学圈社区里表现得十分明显，那里是迅速发展的文化和教育中心，也是大学医院（University Hospitals）及世界著名的克利夫兰诊所（Cleveland Clinic）的所在地。克利夫兰诊所是克利夫兰市最大的用工单位，

市中心细节

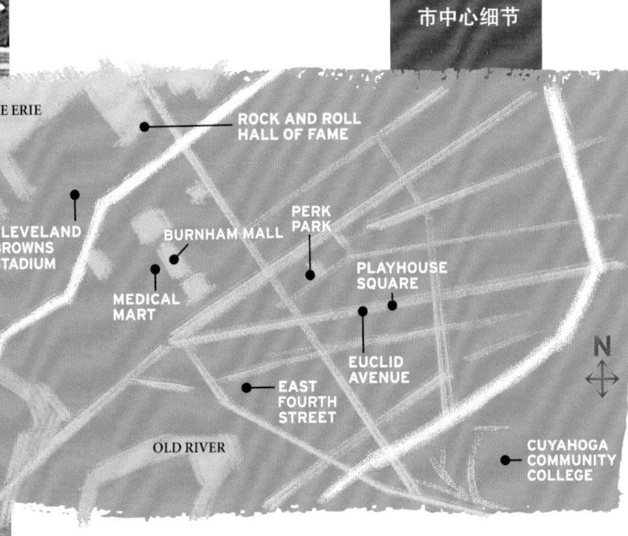

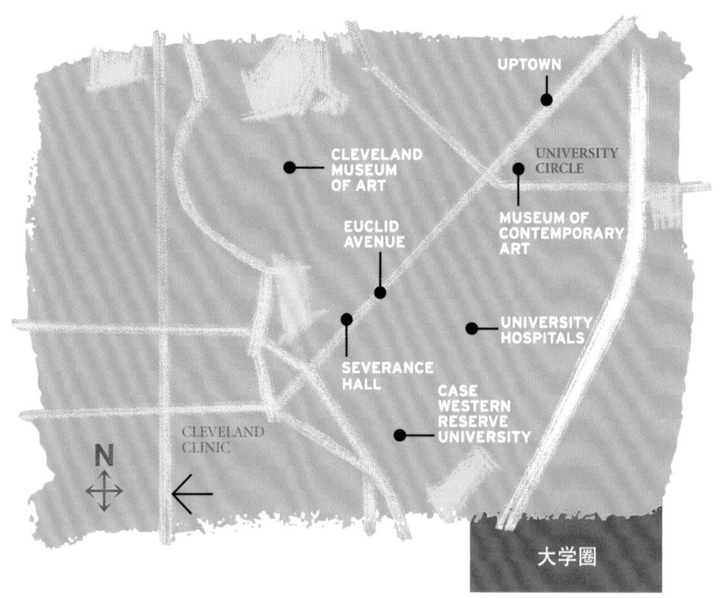

东四街： 15年前，东四街到处是麻醉药商店，橱窗里的假发用彩色条码对应店里销售的麻醉药品。2000年，当地的地产MRN开发有限公司利用历史保护税收减免政策开始买下250位业主的全部产权，建起224家公寓，现在有400人等着入住。（上图）那里有超过一打的餐厅、蓝调小屋和保龄球馆，它们灯笼高挂，生意兴隆。市中心需要商店和更多的居民，而当时东四街的这些项目，对城市复兴计划的启动，做出了榜样。

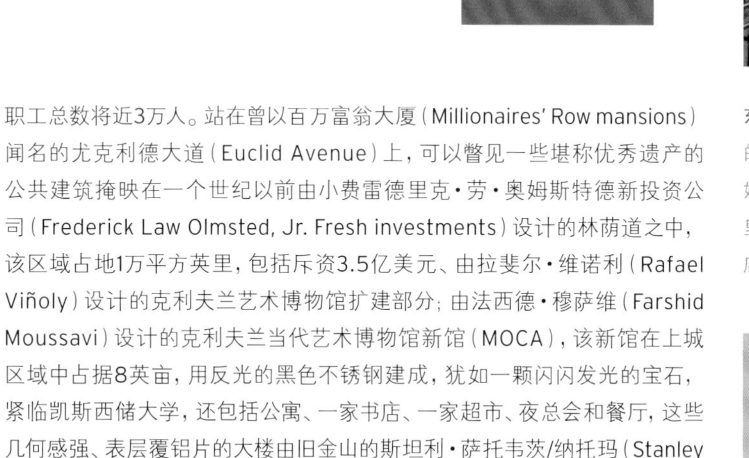

职工总数将近3万人。站在曾以百万富翁大厦（Millionaires' Row mansions）闻名的尤克利德大道（Euclid Avenue）上，可以瞥见一些堪称优秀遗产的公共建筑掩映在一个世纪以前由小费雷德里克·劳·奥姆斯特德新投资公司（Frederick Law Olmsted, Jr. Fresh investments）设计的林荫道之中，该区域占地1万平方英里，包括斥资3.5亿美元、由拉斐尔·维诺利（Rafael Viñoly）设计的克利夫兰艺术博物馆扩建部分；由法西德·穆萨维（Farshid Moussavi）设计的克利夫兰当代艺术博物馆新馆（MOCA），该新馆在上城区域中占据8英亩，用反光的黑色不锈钢建成，犹如一颗闪闪发光的宝石，紧临凯斯西储大学，还包括公寓、一家书店、一家超市、夜总会和餐厅，这些几何感强、表层覆铝片的大楼由旧金山的斯坦利·萨托韦茨/纳托玛（Stanley Saitowitz/Natoma）建筑事务所设计而成。

这样成功的项目树立了一个榜样，其他位于跨大湖工业地区并且在逐渐萎缩的城市，依靠这些类似的建筑遗产，比如医院和文化机构、大学、专业制造工厂和20世纪早期建起的漂亮的街区，可能会给城市带来光明的前景。此外，当地生活成本较低和大湖水量充足也是非常重要的因素。受当年燃烧之河事件的启发，环境监管经过几十年的努力之后终于使水质有了很大提高。

州和联邦历史保护税收减免政策和政府公共部门使用其他形式的杠杆，如大规模公共交通设施的改进，已经催生了许多新的项目。地区交通运输管理局斥资2亿美元在尤克利德大道上的快速公交线路项目，仿照了屡获殊荣的巴西库时蒂巴的快速乘车系统，由于车辆间隔时间更短、闪闪发光的银色车体更加漂亮，已经大大增加了乘客上座率，同样也为摇摇欲坠的尤克利德大道重建提供动力。"该投资——80%由联邦政府出资——仅在大学圈开发中就已得到10亿多美元的支持"，大学圈公司的负责人克里斯·罗纳尼（Chris Ronayne）说，该公司是当地一家非营利性社区开发公司，"我们有意为之，力图恢复具有历史意义的主街昔日的场景。"

可以肯定的是，克利夫兰仍然面临贫困、种族关系紧张和公立学校条件简陋等问题，困难重重。其人口不断缩减，意味着克利夫兰正在丧失其在国会和俄亥俄州东北部地区的政治影响力。俄亥俄州东北部地区共有380万人口，大部分生活在郊区，很少去市中心，因而在政治上支离破碎。然而，由文化机构、大学、基金会和开发商共同资助，很有耐心管理实施了几十年的复兴工程，如今在克利夫兰的部分地区收到了一定的成效。

科尔曼27号联排别墅：位于克利夫兰小意大利区的27号联排别墅由当地的迪米特建筑事务所（Dimit Architects）设计，毗邻着大学圈，在2009年初上市——当时并不是房地产发展的最好时期。也许是因为它们的平面图设计灵活，体现出了工业美感（该地产以前是一个废弃的地），并且与克利夫兰市最大的用工单位相邻，仅两年半的时间房子便全部销售一空。这些三层楼的房子，外覆水泥板和树脂板，包含面积从1600平方英尺到3400平方英尺不等的带屋顶阳台的阁楼。现在，迪米特建筑事务所正在克利夫兰的岩石河郊区为同一家地产开发商做另外一个联排别墅项目。

塞德曼大学医院癌症中心（Seidman Cancer Center）：坎农（Cannon）设计公司设计的面积为37.5万平方英尺的癌症中心（左图）于2011年的春季开始营业，它将大学医院内所有有关癌症的部门全部集中在同一所大楼中（医疗系统附属于凯斯西储大学）。癌症中心坐落在凯斯医学中心校园的旁边，紧临着一个带状公园，与原来的医院相连，是大学圈里另一个引人注目的建筑。建筑师们在扭曲的玻璃幕墙间将10层服务区域层层堆叠起来，玻璃幕墙自然采光良好，而且还可以让病人在治疗室里看到远处的伊利湖景。

RTA快速公交干线：2008年10月，9英里长、价值2亿美元的快速公交干线开始运营，在尤克利德大道附近和沿线运送乘客，尤克利德大道是一个大走廊，一度被称为“百万富翁豪宅区”，在美国经济大萧条之后状况愈来愈差，也愈来愈为人所忽视。花了几十年设想规划之后，快速公交干线现在备受称赞，帮助吸引了58亿美元的投资额，在尤克利德大道上面兴建新建筑，复兴经济。混合快速干线共设有40个站点并带有停车设施，连接着大学圈和克利夫兰市中心这两个不断发展的区域。

摄影：（前页）© OCEAN PHOTOGRAPHY/VEER；（本跨页，从左边开始顺时针方向）MR. T IN DC, BRAD FEINKNOPF, JASON MEYER/FEINKNOPF, BRAD FEINKNOPF；（地图）NORMAN HATHAWAY

努力改善社会公平是计划的一部分。克利夫兰基金会是美国最古老的社区基金会，资产超过10亿美元。它说服了大学医院和克利夫兰诊所，通过资助像干洗店和城市温室等这类由当地职工持股的合作社，将财富分散到周围主要是非洲裔美国人居住的贫穷社区中。

克利夫兰基金会也劝说俄亥俄州东北部首尔区（Sewer）与肯特州立大学的克利夫兰城市设计中心和其他单位协作，一起做一个价值30亿美元的项目，以减少因老化而引起下水道系统的污染。这次合作是肯特州立大学的"重塑克利夫兰"计划的一部分，该计划很有影响力，主要研究克利夫兰市如何重新利用因人口流失和圈地建公园、耕地、人工湿地和小路等行为而被掏空的社区。"这简直就是在为城市复兴创造一个可持续性的框架"，该计划的负责人特里·施瓦兹（Terry Schwarz）说，"我们要考虑对那些空地重新加以有效、非传统的利用，使这些地方恢复繁荣，而不是让我们的城市被孔隙稀释。"

在克利夫兰进行的这些新项目为19世纪末20世纪初由工业大亨出资兴建的城市框架增添了一层由建筑和景观组成的特色光彩，当年这些大亨通过石油、钢铁、矿业和银行积累了巨大财富，包括约翰·D·洛克菲勒（John D. Rockefeller）、工业巨头约翰·朗·塞沃兰斯（John Long Severance）和西方联盟电讯公司（the Western Union Telegraph Company）的创始人耶莎·H·韦德（Jeptha H. Wade）。MRN开发有限公司（MRN Ltd.）开发商阿里·马龙（Ari Maron）说："我们继承了这些好东西，然后找出了一些办法，把这些优秀老建筑挑出来重新加以利用。"在这些具有历史意义的建筑内核的外面，之前做了许多复兴的尝试，包括1961年年轻的建筑师贝聿铭构思的不太成功的伊利美景城市新兴街区，该项目削减了200英亩的市中心密度，在空地上建满苍白乏味的现代主义塔楼，现在这些塔楼不断竞争，想方设法留住租户。

虽然克利夫兰被认为是美国中西部的一个城市，历史上它曾经被称为康涅狄格州西储地区的一个部分，因而克利夫兰坚持认为自己是新英格兰地区的起源地，摩西·克利夫兰（Moses Cleaveland）于1796年对其进行了首次勘测，并为在伊利湖和库亚霍加河上方，有70英尺高的悬崖上面的一片10英亩公共广场和市中心网格做出了规划。现在，市中心仍然有很多地标性的建筑，比如1931年建成的新古典主义风格的市政高塔（Terminal Tower）和美国最大的完整的城市美丽街区之一，该街区于1903年由丹尼尔·伯纳姆（Daniel Burnham）设计。西雅图LMN建筑事务所（LMN Architects）设计了一个新的地下会议，其上面的部分街区景观，将由同样来自西雅图的格斯塔夫·格思里·尼可（Gustafson Guthrie Nichol）重新设计。该项目耗资4.65亿美元，包括计划明年对外开放的美国首家医疗商业中心、一个现代医疗设备展示室。差不多在20年以前，克利夫兰将城市重生的希望寄托在像布朗大型体育场（Browns stadium）和老年贝聿铭设计的、位于毫无生气的湖滨地区的摇滚乐名人堂（the Rock and Roll Hall of Fame），这类项目由纳税人交的税所资助，它们使克利夫兰保留住了它在美国棒球职业联盟的地位，并且吸引了不少旅游者，但是这没有使街景改观，同时伊利湖畔的美景还是被一条铁路和一条州际高速公路切断了与市中心的联系，这种规划不善的状况并没有得以改进。

曾经优雅的市中心，宽阔的街道旁几乎没有一家商店，现在仍然非常安静，但是有些地方也充满活力。沿着东四街（East Fourth Street），在建于20世纪90年代的网关棒球场和篮球场旁边，MRN对一个有很多麻醉药商店和餐饮林立的昏暗街区进行了修复，把它打造成一个当地夜生活的最火的地方。街上还有著名的洛拉小酒馆（Lola Bistro），它是铁人大厨迈克尔·西蒙（Michael Symon）设想的日益壮大的餐饮帝国——属于克利夫兰市蓬勃发展的当地美食运动的一部分。此外，还有蓝调小屋，幸运的话可能会赶上定期举办的设计创意之夜，在那些用酒精烘托气氛的社交活动中，年轻的创意者们在连续的6分40秒内展示他们的想法，从艺术和时尚设计到喜剧、制陶术和社区重建，内容非常广泛。"这种活力相当棒"，设计师克里斯托夫说，他是活动的组织者之一。"如果其中的一些20岁或30岁的人团结起来，开办新公司，养育家庭，那么克利夫兰就可能实现它的梦想，即通过这种自我持续发展的再投资运动，最终达到一种更大的复兴。" *Steven Litt/文 李刚/译 夏鹏/校*

史蒂文·里特（Steven Litt）是克利夫兰《诚实商人报》的建筑评论家。

医疗商业中心、会展中心和波纳姆（Burnham）购物中心：定于2013年7月竣工，由LMN建筑事务所设计的医疗商业中心克利夫兰会展中心地下部分，还有格斯塔夫·格思里·尼可建筑事务所（GGN）对于1903年建设丹尼尔·波纳姆购物中心的复兴规划（下图），都是城市整体复兴计划的一部分，目标都是让公共生活回到市中心，重新将一个更绿色的、更统一的购物中心与湖畔连接起来。五层医疗商业中心，采用一种像素图案的窗口设计，成为医疗厂商们一个永久的陈列室。该事务所对医疗商业中心的长期规划包括用"户外房间"适应灵活规划用途，用照明来展示美丽的历史性建筑。

绿色城市无土培育温室：新建温室面积为4英亩，是与当地一些工人合作社合作建成的，位于中部街区里一个10英亩场地之上（上图），计划将于11月中旬竣工；第一批绿叶蔬菜和香草会在明年1月份时收获。每年，温室将供应300万棵生菜和30万磅香草，出售给当地最大的用工单位（凯斯西储大学、大学医院和克利夫兰诊所）及零售商店。最初，温室将从邻近街区里雇用20人至25人，那里的平均收入低于1.85万美元。销售利润将按一定比例返还给雇员。

克利夫兰当代艺术博物馆（MOCA）：是法西德·穆萨维在美国设计的第一个建筑，位于尤克利德大道和梅菲尔德路之间的拐角处，本月对外开放，为大学圈增加了另一个亮点。与其近邻——由斯坦利·萨托韦茨（Stanley Saitowitz）建筑事务所设计的多功能上城项目相关联，成为一个强大的都市重点。建筑呈六角形，分四层，面积为3.4万平方英尺，外覆可反光的黑色不锈钢板。一个玻璃中庭将内设一间小咖啡馆和休息室，可作活动空间使用。克利夫兰当代艺术博物馆的新家价值2,700万美元，包括三个画廊、一间教室和若干办公室。室内装饰主要是漆成深蓝色的裸露的有凹槽的金属板，不时被一个雕塑感很强的钢结构楼梯打断。*Laura Raskin*/插图文字

图片提供：（从左上角按顺时针方向）：COURTESY LMN ARCHITECTS（2张）；
© JASON MEYER/FEINKNOPF; COURTESY MUSEUM OF CONTEMPORARY ART CLEVELAND

上城 Uptown | 斯坦利·萨托韦茨 Stanley Saitowitz | 纳托玛建筑事务所 Natoma Architects

漂亮的街道

如何设计“城中城”。

BY LAURA RASKIN（劳拉·拉斯金）

围绕的转角：上城项目（上图）第一阶段已于今年8月竣工，包括位于左边的“三角形”建筑和右边的“海滩”建筑。这两个多功能建筑位于尤克利德大道，呈对角分布，上面的楼层是单间公寓、一居室和两居室出租公寓，一楼是各种娱乐设施。虽然他们（对页图）都沿尤克利大道一字排开，但是由于设计了一些活泼的窗户、有棱纹的铝制外立面投射不同的阴影，再加上由詹姆斯·卡纳·费尔德（James Corner Field Operations）设计的带景观的广场，避免了单一乏味。

克利夫兰最大的三家用工单位——凯斯西储大学、克利夫兰诊所和大学医院，都位于克利夫兰东部，那里是克利夫兰市遭受破坏最严重的地方，丧失抵押品赎回权和人口下降已经达到极限。此外，在被称为“大学圈”的尤克利德大道附近的区域中，也聚集了一些欣欣向荣的文化机构。赛佛伦斯（Severance）音乐厅是克利夫兰管弦乐队的家，可以说是美国最好的音乐厅。后来就有了克利夫兰艺术博物馆，先是由马塞尔·布鲁伊尔对一座1916年建起的艺术建筑进行增建，最近则由拉菲尔·维诺利进行再次增建。克利夫兰艺术学院是一所艺术和设计学院，将会斥资500万美元进行扩建，预计将于2014年底竣工。

但是，艺术和知识财富的集中并不一定就等于都市风格，特别是如果每个机构都各自独立的话。在过去的十年里，大学和一些医疗机构在克利夫兰基金会和其他当地证券商们一直借助投资，利用建筑和城市规划，在该街区里面或附近打造一个充满活力的、互相联系的中心。最近的一个项目是上城项目，由来自旧金山的斯坦利·萨托韦茨建筑事务所（Stanley Saitowitz）设计，该项目是位于凯斯地产上面的一个多功能开发项目，有102家出租公寓、当地唯一的杂货店、一家巴诺书店、一些餐馆和其他娱乐设施。第一阶段的设计已于今年8月竣工。

1 公共空间

2 公寓

3 餐馆

4 尤克利德大道

5 “三角形”大楼

6 “海滩”大楼

7 当代艺术博物馆

8 第三期项目（概念性）

9 克利夫兰艺术学院

10 东115街

11 第二期（概念性）

12 停车场

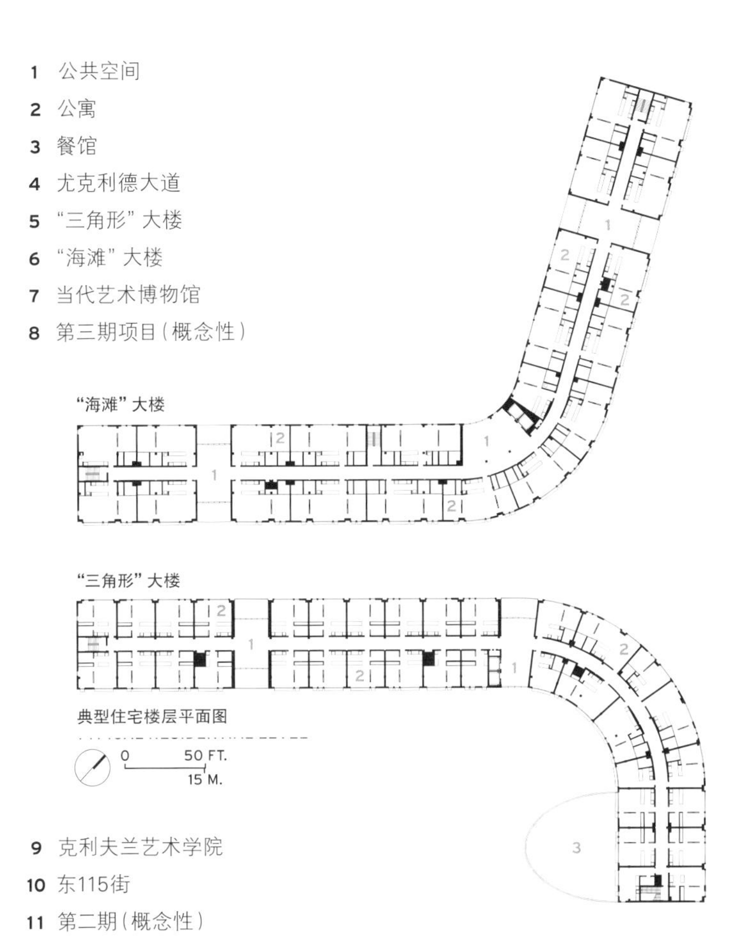

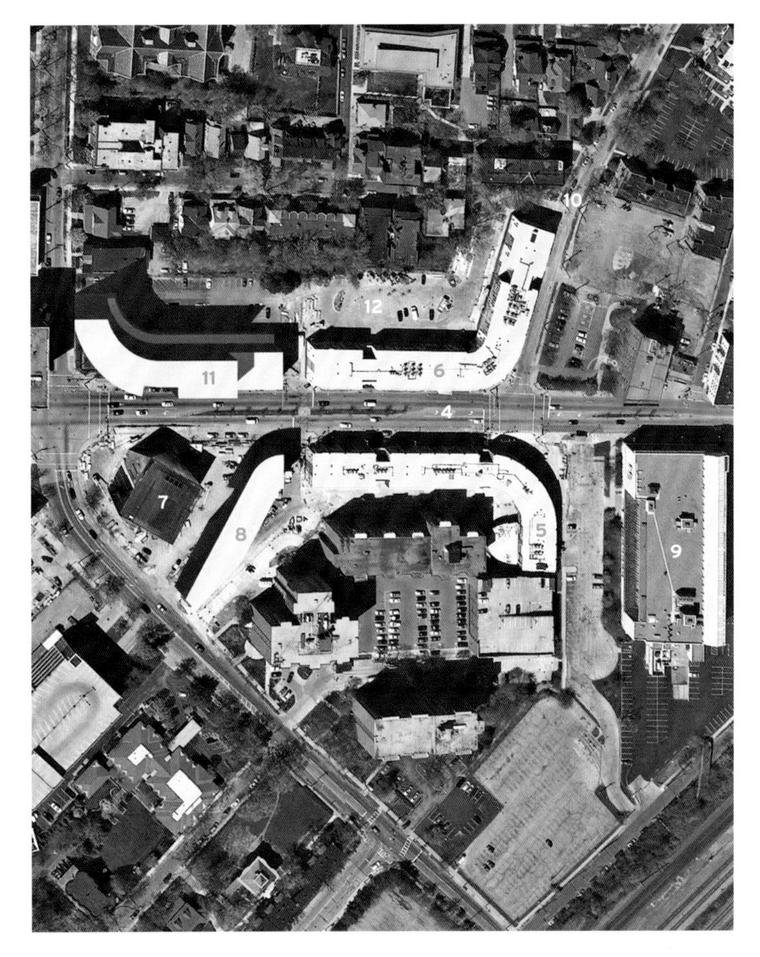

摄影：© RIEN VAN RIJTHOVEN（除另有署名外）

萨托韦茨向MRN开发有限公司开发商及业主凯斯（Case）、社区和管理部门专家介绍上城项目时，出示了一些伦敦、巴黎等城市的照片，也出示了克利夫兰的照片。他强调说，每个城市里面的于19世纪和20世纪建起的建筑与街道都有良好的互动关系。在他看来，上城项目的挑战是"打造一个都市化的地方"，即重新回到让这些城市在鼎盛时期感觉充满活力的本质的状态，但是这种想法要以一种21世纪的方法实现。

上城区的两栋建筑——总建筑面积为17.2万平方英尺——坐落在尤克利德大道上，呈对角分布。其北部结构被称为"海滩"，在转角处转到东115街上面；南部建筑被称为"三角形"，外形像一个字母J，位于东116街上。他们本可以用整块材料建成，但是却故意没有那样做。外覆白色、定制挤压成形的有棱纹的铝板，混凝土结构的外立面由于铝板水平和垂直棱纹的交替变换投射出来不同的阴影，看上去成为不同的灰色阴影。设计师设计出了不止一个俄罗斯方块样式的窗户。两栋建筑互相关联，但是又不相同。胡同穿行而过，既产生了一些随性惬意的小径，又利于流通，本身还成为一道风景。旁边一个建筑看上去像上城项目位于西南端的一个句点，这就是克利夫兰艺术博物馆（MOCA），由法西德·穆萨维设计的新馆本月对外开放，是一个六角形的建筑，外覆可反光的黑色不锈钢板——这是另外一个策略性规划的元素。

"这是一个单一目的地的地方"，丽丽安·库里（Lillian Kuri）说。她是克利夫兰基金会负责大学圈建筑、都市设计和可持续发展项目主任。"上城已经成为一个人们来来去去，做许多事情的地方。"它使那位34岁的当地开发商神童阿里·马龙（Ari Maron）成为通过新兴建筑、维修和修缮改建对克利夫兰进行转型的冠军人物，阿里·马龙的家族拥有MRN公司（他在莱斯大学学过小提琴，在一次给大学圈领导们演示上城项目的活动中，他现场拉了一曲小提琴曲）。

萨托韦茨显然受到马龙和社区的热情感染。"整个项目最令人兴奋的地方是看见该地区是如何被这些建筑彻底改变的，MRN和凯斯（Case）不可思议的做到了这些"，他说，"在旧金山做建筑，一开始的时候大家都说不行。在克利夫兰，一个月内就可以拿到建筑许可。""海滩"部分在5月已经竣工，"三角形"部分三个月后也竣工完成；现在已经达到80%的入住率，很受医学界、研究生和空巢老人的青睐。但是，在建筑的一层，有着长达20英尺天花的娱乐设施空间归凯斯的学生使用，他们以前从未有过一个主街。

萨托韦茨多年来一直致力于城市密集住宅的研究工作，对他来说，该项目是一次将研究扩展到组织结构策略的机会：这些服务区域一般都是沿着一面墙，以一种一个阁楼的"平面"形式分布的。"这是一个非常明确的服务区域，各区域之间、外部表皮之间的区域则不太确定。""海滩"建筑和"三角形"建筑里的单元非常类似：厨房是白色固体表面，在客厅/餐厅一体空间的一面或两面中，设置滑动墙壁门，其背面就是卧室。裸露的混凝土地板和天花板便于节约成本，打造成一个成熟、但并不简朴的风格。走廊被双层楼高的公共休息室分开，墙上的窗户充分自然采光。

项目的第二阶段将于今年12月在"海滩"部分旁边破土动工，建成后，它将为克利夫兰艺术学院的学生提供住处以及出租单元。第三阶段将于2013年6月在克利夫兰艺术博物馆的后面开始进行，届时将建设44个一居室到三居室的公寓。其余的阶段会继续上城项目的风格，但是尺度要稍大一些。整个项目按照LEED银质认证的标准进行着。

上城项目标志凯斯集团——以及其他当地机构，在克利夫兰地区提升设计水平、建造一个满足国际学生、教师和医务人员需要的空间等方面所做的持续努力。凯斯的校园包括由弗兰克·盖里在2002年设计的韦瑟（Weatherhead）管理学院，那是建筑师设计的最好的一个建筑，运用超现实手法，使砖墙呈螺旋状渐消渐逝，直至被一个突然下降的不锈钢屋顶所吞噬。2011年10月，大学宣布帕金斯+威尔建筑事务所（Perkins+Will）的拉尔夫·约翰逊（Ralph Johnson）正在设计其丁克汉姆·维尔大学中心，这个楔形、绿顶研究中心将在今年春季破土动工，未来注定成为校园的"心脏"。

上城项目重申"建筑赋予空间动感"，把人们联系起来，而不仅仅是为其创造者做宣传的观点。"它的内容不是物体"，萨托韦茨在谈到他在克利夫兰设计的时候说，"而是建筑延续着城市的生活。" *Laura Raskin/文 李刚/译 夏鹏/校*

内容布局：双层高的公共休息室（顶图）的目的是在公寓大楼里激发一种社区感。裸露的混凝土天花板继续在单个公寓单元里出现（上图）。服务设施和墙上的工业制品线使公寓其余部分看上去脱离了阁楼式生活。滑动门隔断将卧室与客厅/餐厅分离开。为像巴纳书店和杂货店等地面设施而设的停车场位于大楼的后面（对页图）。

摄影：© COURTESY MARKUS BISCHOFF（底图）

项目信息

建筑师：Stanley Saitowitz/Natoma Architects——Stanley Saitowitz (主创建筑师); Neil Kaye (项目建筑师); Markus Bischoff (项目经理); Daniel Germain (工头)

工程师：Ebersole Structural Engineers (结构); Riverstone Company (土木); WHS Engineering (机械/电气/管道); Glen W. Buelow (消防)

顾问：James Corner Field Operations (景观)

总承包商：Rick Maron, MRN Ltd.

业主：MRN Ltd.

面积：17.2万平方英尺

建设费用：未公布

建成日期：2012年8月 (第一期)

材料供应商

金属板：MG McGrath

幕墙、玻璃、金属框架：All Metro Glass

门：Babin Building Solutions

电梯：Gable Elevator

固体表面：Corian

地板和墙砖：Daltile

定制磨光工作：Royal Cabinet Design Company

涂料和污渍处理：Sherwin-Williams

防潮处理：Henry

赢得自己的一席之地

一家以其拥有众多遗产类藏品为名的博物馆。
BY CATHLEEN MCGUIGAN（凯思琳·麦格根）

克利夫兰艺术博物馆（Cleveland Museum of Art）是克利夫兰的不朽代表，也是该市作为一个重要工业城市所拥有的一种历史遗产。像美国其他于19世纪末20世纪初在底特律、圣路易斯和托莱多等地方,为艺术修建起来的寺院一样，这个新古典风格的展馆于1916年竣工，在高地之上俯瞰一个翠绿如茵的奥姆斯特德兄弟公园，反映一个富裕时代的奢华。克利夫兰艺术博物馆属于美国最好的艺术博物馆之一，藏品全面而丰富，其亚洲艺术藏品没有其他博物馆可及。

即使在过去的半个世纪里，随着克利夫兰市的经济日渐衰落，克利夫兰艺术博物馆仍然对其原有建筑进行增建。然而，几次扩建——包括1971年由马塞尔·布鲁伊尔（Marcel Breuer）设计的教育翼楼——的结果是大杂烩的室内空间和混乱的动线。2001年，拉菲尔·维诺利建筑事务所（Rafael Viñoly）在一次设计竞赛中获胜，赢得了再次扩建博物馆的机会。

这个设计背后的想法极其简单，其灵感来自于原美术博物馆的逻辑性和对称性，当时是由一家当地公司——哈贝尔和贝奈斯设计公司（Hubbell and Benes）设计的。“无论你怎么看1916年的这个建筑，无论您认为它是一

不同的设计方法：马塞尔·布鲁伊尔于1971年设计的增建部分包括一个115英尺长的混凝土顶篷和一个外覆明尼苏达州花岗岩水平条纹的教育翼楼（右图）。拉菲尔·维诺利于2009年对东翼进行了增建，用外覆花岗岩和白色大理石的方法向布鲁伊尔表达了敬意。

摄影：© BRAD FEINKNOPF

向西倾斜：2005年10月拍摄的一幅博物馆航空照片表明对博物馆所做的各种增建已经导致平面图重心西移和循环动线的混乱。诺维利的设计恢复了1916年原建筑的对称性。

- 1916年原建筑修复
- 美术博物馆修复
- 新东画廊
- 新西画廊和玻璃覆盖广场

项目信息

建筑师：Rafael Viñoly Architects
—— Rafael Viñoly (主创设计师);
Jim Herr, David Rolland (项目总监);
Daniel Gallagher, Mark Benton (项目经理)
工程师：Nabih Youssef Associates,
Barber & Hoffman (结构);
Arup, Karpinski (机械/电气/管道);
Glen W. Moody Nolan (土木)
顾问：Behnke Associates (景观建筑师);
George Sexton Associates (照明设计);
Akustics (音响效果); Vitetta (历史保护)
总承包商：Panzica/Gilbane
业主：Cleveland Museum of Art
面积：59.2万平方英尺
建设费用：3.5亿美元
建成日期：2009年 (第一期), 2012 (第二期)

材料供应商

中庭：Josef Gartner
玻璃画廊：NEC Mero
外部石材覆层：Global Precast

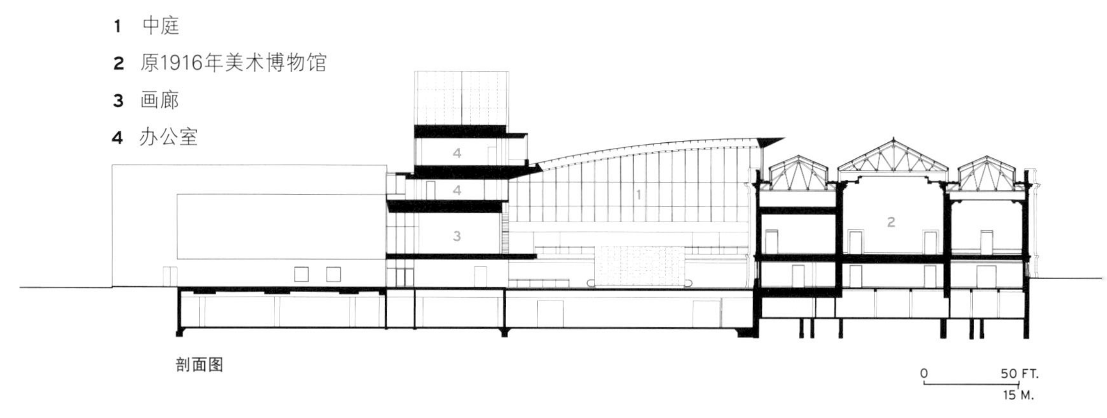

剖面图

个希腊式寺庙还是其他什么东西，在空间和循环动线方面它都是壮观惊人的”，维诺利说，“你要做的就是使之更加明晰。”

近几年来，各种“增建”使博物馆的中心改变到西边，主要入口也移到了四四方方的布鲁伊尔翼楼，上面有一个巨大的、115英尺长的混凝土顶篷。维诺利的设计希望把在原来矩形博物馆和增建的布鲁伊尔翼楼之间、与北面平行的一切东西都去掉。扩建部分的平面图本来是一个U形，北端有一个新酒吧，与增建的布鲁伊尔翼楼部分等长，东西两翼与原博物馆建筑相连，这就使得平面图的中心里出现一个矩形的“洞”。为此，建筑师想出了一个大胆的办法——在那里设计出一个玻璃屋顶的大中庭。新建筑的面积达到59.2万平方英尺，差不多是原建筑的一倍。

该项目耗资3.5亿美元，规划宏大，施工分成几个阶段——因为经济低迷，工期一再拖延。2009年开始第一阶段：新东翼，有三层画廊。现在，第二阶段已经竣工：中庭和四层的新北翼，里面有更多的画廊空间、一个博物馆商店、一个学习中心和若干办公室。二层的一个阳台可以俯瞰整个中庭，环绕东翼、北翼两个新增部分的室内空间，从两端连到1916年原建筑，创造出一个开放的循环路。最后阶段是对西翼进行处理，将于明年开始，底层是一个餐厅，上面是一些画廊。

“对增建的布鲁伊尔翼楼的处理非常困难”，维诺利说：“一个优秀家具设计师通常是一个糟糕的建筑师，反之亦然。”他早期有一个设计，建议把入口处的顶篷换掉，但是后来这个想法被放弃了，顶篷所在位置仍然是博物馆的主入口。

新增的布鲁伊尔翼楼体现的是外表呈褐色的野兽派的艺术风格，而原博物馆建筑采用的是白色大理石，耀眼而且漂亮。维诺利努力地去弥合两者之间风格上的差异。这个于1971年建起的混凝土建筑，外表覆盖有明暗交替的明尼苏达州花岗岩的水平条纹，极像意大利文艺复兴时期的有如奥维多大教堂那样有条纹的建筑。维诺利设计的东翼采用的是钢结构框架，外形沿着场地边缘的一条公路的曲线交错排列，外覆石面预制混凝土板。为了对布鲁伊尔表示敬意，使用类似的带条纹的深色花岗岩，与1916年原建筑相同的白色格鲁吉亚大理石交替拼接制成的新的浅色条纹。新西翼与东翼造型上呈镜像关系，遥相呼应着，随着两翼外立面向南延伸包纳原博物馆的两端，并且深色条纹的密度逐渐降低，白色大理石逐渐增多。在两翼有条纹的基石的上面是一个玻璃盒状画廊。

在维诺利设计的带天窗的中庭里，优雅的老博物馆的北外立面得以展示，中庭的长度犹如一个足球场大小。对原建筑墙壁的结构分析，确定它可以支撑带玻璃和框架的中庭屋顶，屋顶缓慢升高，一直达到61英尺的高度，由一排细长的钢柱支撑，看上去似乎飘浮在原博物馆建筑之上。为了防止玻璃上出现水汽凝结的现象，建筑师采用了一种在欧洲广泛应用的集成技术：在寒冷的天气里，热水用泵通过框架内腔导入，在夏季，冷水也用泵通过直棂导入。

中庭将成为新兴活力十足的大学圈里城市市容的主要内容。“设计的主要想法是让博物馆在克利夫兰扮演公民角色”，维诺利如是说。因为博物馆不收门票，所以这个巨大的阳光普照的空间是一个公共空间，属于每一个人。*Cathleen McGuigan/文*
李刚/译 夏鹏/校

抬高的屋顶：维诺利设计的平面图中心有一个“洞”，上面是一个巨大的玻璃屋顶，在原建筑、布鲁伊尔设计的增建部分和两个新翼楼之间创造出一个中庭，面积差不多是原博物馆一倍那么大，成为一个新的公共设施（右图）。玻璃盒状画廊位于东西两翼条纹基石之上（下图）。

摄影（从左边按顺时针方向）：© FOCAL PLANE PHOTOGRAPHY; HOWARD T. AGRIESTI; BRAD FEINKNOPF

洛希尔银行伦敦新总部 New Court Rothschild Bank
大都会建筑事务所（OMA） Office for Metropolitan Architecture

历史上的银行

摄影：© IWAN BAAN

大都会建筑事务所在紧凑的伦敦金融区，倾力打造了弹丸之地的新大厦：洛希尔银行总部新办公楼。

BY CATHLEEN MCGUIGAN（凯瑟琳·麦圭根）

尽管历经多年的经济动荡，历史悠久的伦敦金融区仍旧沿袭着他们的传统。银行家们也许已经不再带着圆顶硬礼帽，甚至有时也不系着领带了，但他们仍旧穿着剪裁得体的萨维街套装西服。如果你转向威廉姆国王大街，从庄严的英格兰银行走几步路，来到狭窄的中世纪圣斯威辛街，你会看到另一套专门定制的“套装”；一座定制的现代建筑，被巧妙地缝合进密集的城市肌理中，两者相配，简直是天衣无缝。

1809年至今，洛希尔家族一直占据着这块被称为“新庭院”、面积不大的地块，而这块地上新建的总部则是这所私人银行的第四个总部。上一个总部建于20世纪60年代，是一座六层办公大楼，而它已经不能满足洛希尔银行迅速增加的员工数量了；2006年，OMA赢得了洛希尔银行的国际邀标竞赛，负责为其设计一栋能够容纳整个洛希尔团队的建筑，该地块上的旧建筑将被拆除，而为新建筑留下空间。

不像伦敦许多新修的建筑，这座大楼不是标志性建筑：OMA设计的玻璃和钢框架结构的建筑物嵌入如此密集的街区，以至于摄影师都不能拍到整栋建筑的全景。新建的洛希尔银行被一栋线条优美的深色玻璃办公大楼卡住了，那栋办公大楼由福斯特建筑设计事务所完成，被伦敦人戏称为“黑武士头盔”， 艾伦·房龙（Ellen van Loo）——作为OMA合伙人和雷姆·库哈斯一起负责这个项目——说这两栋建筑离的如此之近，就像它们正在“接吻”。而在那座“头盔”后面还紧挨着圣安妮王后公寓，现在已改为一家私人俱乐部。

对于OMA来说，巨大的压力可以转变为创造的动力。大楼设计最重要的一点就是在城市背景下展现其神采奕奕的辉煌一面。建筑师大方地在一楼前院开辟了一条道路，当你沿着圣斯威辛街闲逛时，可以突然看见新银行大楼的玻璃上反射出的古老教堂墓地和沃尔布鲁克圣史蒂芬教堂（St. Stephen Walbrook）背面的图像，这座教堂是克里斯托弗·雷恩（Christopher Wren）爵士于17世纪设计的精品，同时这里也是雷恩爵士的教区，教堂有着铜制圆顶和高耸简单的塔尖，这里的好几代人都和它有着历史模糊不清的私密关联。

按照洛希尔银行的要求，在形状不规则且面积狭小的地基上建造一栋14万平方英尺的高楼是一项巨大的挑战。大楼必须

“前方施工，车辆绕行”：洛希尔银行新总部坐落于一条不显眼的古老小巷内，而洛希尔家族已在此安家200年了。

项目信息

建筑师：Office of Metropolitan Architecture —— Rem Koolhaas and Ellen van Loon (主管合伙人)；Carol Patterson (项目经理)；Elisa Simonetti (项目建筑师)

本地建筑师：Allies and Morrison Architects —— Robert Maxwell (主管合伙人)；Andrew Dean (项目建筑师)

顾问：Arup (结构、防火、服务)；DP9 (规划)；Gia Equation (照明)；MOLAS (古迹处理)；Inside Outside (园林设计)；Stanhope (项目管理)；Lend Lease (结构管理)

面积：14万平方英尺

建设费用：4500万美元

建成日期：2011年11月

很高，而伦敦早在17世纪就制定了由16项独立的法律协议组成的“采光权”法，这就意味着建造这栋大楼必须得到它所有邻居的允许。这栋建筑的占地形状类似肥大的字母“T”：设计方案是建筑的中心区域建造10层开敞式办公室以及一个屋顶花园，同时紧围绕着中心区域，有三个外凸的建筑体块，在凸出的建筑体块中包括个人办公室、会议室和主要通道。在中心建筑体的顶部建有一座小型塔楼“天际亭”，其向上伸出2层，每层楼内空高度都是下面的两倍，从塔上远眺，全城景色尽收眼底。以其246英尺的高度，这座建筑被戏称为“中间刮刀”。

新与旧的碰撞不断出现在洛希尔银行的设计中。与其他大多数的幕墙系统不同，大楼的玻璃幕墙在建筑外表面上，向外凸出并强调了承重的钢柱结构，而内部则大量地使用大面积的整块玻璃隔断。地面上的半截钢柱标志着公共街道和半专用前庭的空间过渡，加上通往前庭的宽台阶，这样设计出的效果使其更像一座古典建筑的柱廊。一个图书档案室从庭院跨越大厅，俏皮的装饰使用了罗思柴尔德尔家族特色：五兄弟的肖像画刻在阅览室前部的玻璃上，他们分别为洛希尔家族各脉分支的领头人。

建筑内部设计得宁静、利落，并且精致，含蓄地点缀着各种丰富的装饰物品。在宽敞的大厅里，佩特拉·布莱斯（Petra Blaisse）设计了由屋顶悬挂到地板的金属网帷幔，而这种金属网帷幔同时也垫衬在电梯里。在明亮的私人银行地板上铺着传统的橡木地板，设计者巧妙地布置了一些洛希尔家族收藏的古董——镶着镀金边框的古老肖像画挂满了铝制表面的墙壁，以及类棉麻织物处理的油画挂在会议室四周的玻璃墙上。传统的黑白挂毯糅合了历史与现代的神韵。“我们试图用现代的方式来表达英国的传统”，房龙如是说。

从天际亭奇异的突出位置，你能纵览天空映衬下林立在金融区建筑物的轮廓，他们虽然修建年代各不相同——从圣保罗大教堂，到詹姆斯·斯特林的家禽街1号，再到福斯特的“黄瓜”——这些建筑形成了现代的伦敦。与他们相比，也许这个聪慧且温文尔雅的新建筑不能成为标志性的建筑，但它却能自成一派别样的风景。*Cathleen McGuigan/文 赵逵/译 肖铭/校*

闹市中的“修道院”：新建总部位于克里斯托弗·雷恩爵士的沃尔布鲁克圣司提反教堂（上图）东面，这座巴洛克风格的里程碑修建于17世纪后半页。入口广场（对页上图）为狭窄的场地的开放提供了便利。罗思柴尔德尔家族巨型肖像画（对页下图）运用了人物肖像画法的现代表现手法，并印制在丝质薄纱上。

摄影：© PHILLIPE RUAULT（本页图）

车票之旅

摄影: © HUFTON+CROW（本页图）；URBAN75（右图）

大广场：约翰·姆卡斯拉及其伙伴公司负责国王十字火车站重建的总体规划工作，其中包括重新使用、翻新以及新建工程。项目的中心是西广场（左图），于3月开放，且由约翰·姆卡斯拉和英国奥雅纳工程顾问公司设计。穹顶由16根钢管柱构成，自中央漏斗状处成扇形散开。圣潘克勒斯火车站（上图）进行了为期9年的升级改造工程。

升级的地铁隧道网，扩建的国王十字车站，飞越泰晤士河的缆车：伦敦正在全力准备在奥运会开始之前完成重大的基础设施建设项目。称为"2012伦敦效应"。

BY HUGH PEARMAN（休·皮尔曼）

您或许没有想过，您会出现在位于白金汉宫附近翻新过的伦敦格林公园地铁站，或窥见国王十字火车站在大幅扩张后仍在不断的进行开发，这些都与2012奥林匹克运动会有莫大的关联，您可能也无法判断，是否是出于举办奥运会的原因而扩大"泰特当代美术馆"。但是所有的这些以及更多的建设项目均是"2012伦敦效应"的实例。

伦敦奥运会给这个城市限定了一个期限，而不只是规定运动场馆的建设期限。和其他举办过奥运会的城市一样，伦敦正在对当前的交通系统进行升级、扩建更多的酒店房间以满足需求，并且开设丰富的文化类电视节目以庆祝这一盛事。然而，对于伦敦——在原来它繁荣的时期就获得过奥运会的主办权的城市中——大量的新建和改建的基础设施和开发项目均清晰地表明是源于这次奥林匹克的盛会。原来可以延迟进行的计划项目也在这一时期被提上日程，例如，在格林公园站、法灵顿站、国王十字站以及圣潘克勒斯站的地下大厅，这些地方的地铁网络线路交汇处的换乘升级和改造扩建项目，这些项目分别由Acanthus LW建筑事务所、阿特金斯和凯达建筑事务所（Atkins and Aedas）、埃利斯·莫里森建筑事务所(Allies and Morrison）承担设计。之前由于成本过高或过于宏伟而被停止的项目，也在这一时期获得批准。甚至在伦敦桥地铁站处，由伦佐·皮亚诺设计的碎片大厦也将如期完工（至少是建筑外壳和核心筒结构），届时它将负责容纳奥运会的电视转播。

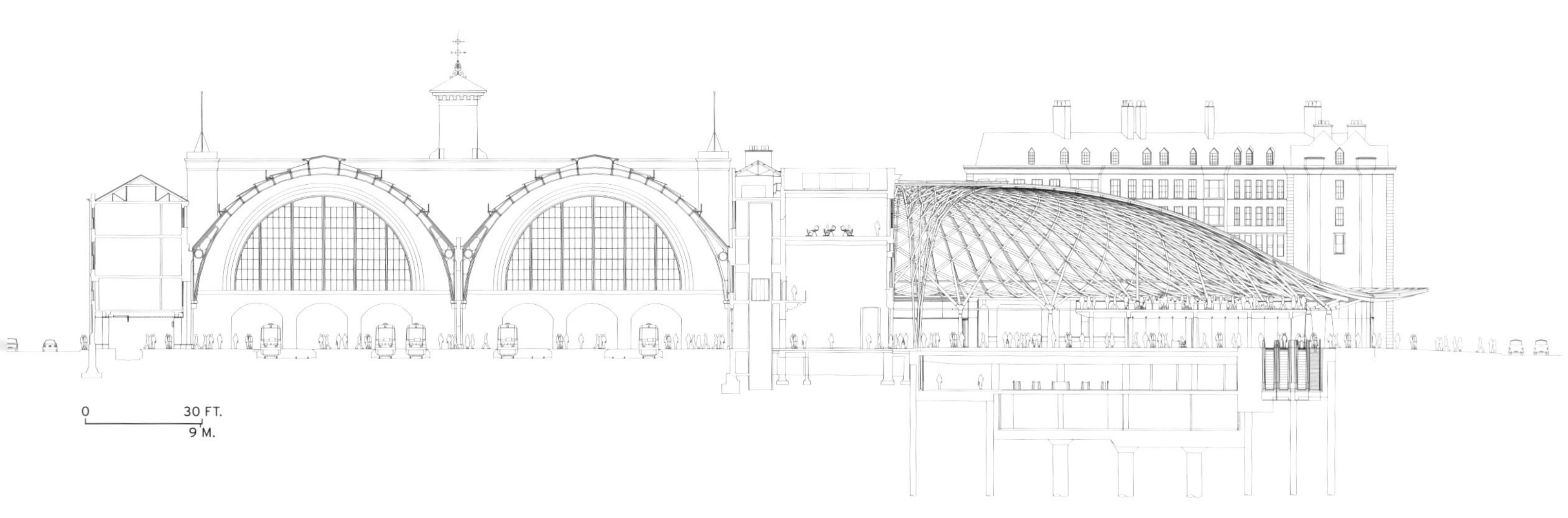

高架缆车：由英国威尔金森艾尔建筑设计事务所设计，并由英国Mace集团负责建造，这个名为“埃米尔斯航线”的缆车，在跨越泰晤士河后，还将延伸十分之七英里，连接北格林威治半岛和皇家码头。34个缆车客舱将沿着位于泰晤士河上方300英尺高的钢索上运行。

这就很好的解释了在英国当前处于经济紧缩之时，为什么英国国有铁路网公司能在近期完成国王十字火车站新西广场项目，这个项目是通往英格兰和苏格兰北部的门户。在2005年7月，伦敦出乎意料地赢得2012年奥运会主办权时，由约翰·姆卡斯拉伙伴公司以及英国奥雅纳工程顾问公司设计的半球形钢结构已经被搁置了十余年。国王十字火车站已经严重拥堵：在奥运会期间则更迫切的需要额外的空间。奥林匹克运动会确保了此前的设计理念原封不动的得到实施。

国王十字火车站扩建项目虽然存在这样或那样的缺陷，但是，与诺曼·福斯特设计的大英博物馆的大中庭（2000年）一样，它也是伦敦全新的封闭的优秀公共空间之一。它坐落在1852建成的伦敦终点站其余部分的持续重建工程的旁边，该工程同样由约翰·姆卡斯拉主持——原本由建筑师刘易斯·丘比特（Lewis Cubitt）设计——当时的设计带有严肃的功能主义风格，同时也带有一点意大利式风格。现在，该项目后期包括由斯坦顿·威廉姆斯事务所设计的一个全新的公共广场。总的来说，国王十字火车站的扩建、翻新工程在2013年完工之时将耗费8.8亿美元。

由于国王十字火车站是一座历史性地标建筑，因此新建的火车站西广场在结构上不能与其有所冲突。甚者，因其毗连国王十字火车站，由刘易斯·丘比特设计的极普通的北方大酒店，也被认为值得保留下来，使其成为一个零售商场，并在地面上与约翰·姆卡斯拉设计的方案结合产生几何效果。这个新的旅客广场大小约为先前的3倍，原北方大酒店和新建设的项目相结合，正好形成了半球形结构，符合这块地区的地形要求。新广场的室内结构则是在原来的西入口和售票大厅前面向下倾斜，呈漏斗状。这不是一个完整的全玻璃大厅：仅在漏斗顶点处以及整个造型的沿边缘处是玻璃，其余的某些设计也略显笨拙，位于整个空间后部，临近艺术品鉴赏中心的中层餐厅，显得有点过大且粗糙。总之是精美的设计必须服从建筑抗震的需要。

约翰·姆卡斯拉的整个设计方案，包括隔壁圣潘克勒斯火车站（现为伦敦的欧洲铁路终点站）的早期转变，以及乔治·吉尔伯·史考特在1874年设计的哥特式复兴酒店的重新开业，在终点站北部原来的货运场，从2006年就开始了67英亩土地范围内的大规模开发。这是伦敦近期最大的城市改建项目。国王十字火车站在奥运会前期的如期完工，展示了全新的私人投资开发公共空

间的模式（包括20条新街道以及10个新的公共空间），这些地块早期还属于城市的荒地。众多公司计划搬入，并且传闻谷歌公司英国总部将迁入。一组先前被忽视的由刘易斯·丘比特设计的仓库（包括谷仓）组成了新的、价值2.41亿美元的中央圣马丁艺术与设计学院的校园，该学院由斯坦顿·威廉姆斯事务所设计而成。

奥运会期间，伦敦航线容量严重短缺的弊病将暴露无遗。原希思罗机场众多较小的航站楼将改建为全新的价值30亿美元的带有卫星导航的2号航空港，预计在2012伦敦奥运会前夕开放，现在却面临延迟。而由英国威尔金森艾尔建筑设计事务所设计的跨越泰晤士河的缆车（称为"埃米尔斯航线"）可能会如期完工，将两个先前未连接的复兴地所永久性的连接起来。

作为奥运会的主办国，其对众多非运动领域发展的投入令人咋舌。泰特当代美术馆意图在奥运会之前进行扩建，并由瑞士赫尔佐格和德梅隆建筑设计公司进行设计，其造价为3.47亿美元。由原油库改建的两间地下画廊已准备就绪，而地上的11层建筑预计将于2016年才能完工。因此，这无非就是借举办奥运会而进行大肆兴建的一个正当借口。或许可将其看作是旧式的凯恩斯经济刺激理论的使用。当下，英国经济已经再次深陷衰退，若没有2012伦敦奥运会的连锁反应，英国经济将陷入更糟的境地。

总之，伦敦市民将拥有改善的交通运输系统，奥运会会址所在地的一个大型的、全新的公园，以及可观的相关产品带来自身的经济提升。然而，伦敦最贫穷的区——位于东伦敦接近奥运会会址的地——依然贫穷，并且在伦敦的发展泡沫圈之外的英国其他地区几乎没受到任何有形的效益。尽管举办奥运会是整个国家的荣耀，但是没有人认为它足以拯救整个国民经济。*Hugh Pearman/文 肖铭/译 赵逵/校*

休·皮尔曼（Hugh Pearman）是《星期天泰晤士报》建筑评论家和RIBA的杂志编辑。

拼贴城市： 借着国王十字火车站、圣潘克勒斯火车站的重建项目，中央圣马丁艺术与设计学院（上图和下图）首次合并了这个地区内的多个项目：1851年的仓廪建筑，由刘易斯·丘比特（Lewis Cubitt）设计，由斯坦顿·威廉姆斯事务所（Stanton Williams）改建并且调整谷仓以及临近的中转货棚，之后在它们之间又设计了大量嵌入式建筑体。

摄影：© JOHN STURROCK（对页和顶图）；HUFTON+CROW（右图）

设计之城：孕育的圣地

在日益增长的全球化经济中，为各设计贴上了国家属性的标签也许都是无意义的，但当设计行业输出变冷的时候，英国的设计行业却依然占据优势。

BY DEYAN SUDJIC（德杨·萨德杰克）

正是在今年，生于伦敦的乔纳森·埃维（Jonathan Ive）离开其在加利福尼州库比蒂诺工作室的木块拼桌和铸铝办公椅，来到白金汉宫接见室，以接受伊丽莎白二世的封爵。你可以将其称作是一例亡羊补牢：自乔纳森·埃维离开祖国以帮助美国苹果公司成为最有价值的公司后，英国才在10年后，重新认识这位英国最成功的设计师。

这一刻可以提示我们，设计本质上是无国界的。比如一部iPhone手机，最初它只是一个背面印有“加利福尼亚苹果公司设计”字样的黑色或白色的空壳，而且由台资公司在中国大陆的工厂用来自不同国家的部件组装而成的。那么，基于苹果首席设计师的原籍，iPhone手机是不是就是一个英国的设计？抑或是中国的？美国的？或者试图给予iPhone手机的设计标上某一个国家的属性，这个尝试本身就是无任何意义的？

2012年是特别值得英国内省的一年。女王要庆祝其在位60周年，而英国正在筹备其历史上的第二次奥林匹克运动会。同时，苏格兰正在发动一场公民投票，征求公民的意见，看是否他们想要脱离英国获得独立。

要问“什么是英国设计？”，这真的是个难以回答的问题，因为甚至是21世纪最具象征性的英国汽车Mini，现在也归德国宝马公司所有。且无论如何，Mini汽车最初是由亚力克·伊西戈尼斯（Alec Issigonis）设计的，而他是一对居住在土耳其的希腊夫妇所生，他们夫妇当年并被迫以避难者的身份来到伦敦的。在一些最有天赋的英国本土设计师其实均来自国外的情况下，比如罗恩·阿拉德（Ron Arad）来自以色列，而扎哈·哈迪德（Zaha Hadid）来自伊拉克，或许我们来谈论“在”英国的设计会更好些。

因为英国是首批经历工业革命的国家之一，其也是首先开展当代设计实践、使设计师成为制造商与消费者之间的媒介的国家之一。英国建设了一系列艺术和设计院校并形成网络，而乔纳森·埃维和众多的其他知名设计师，从克里斯托弗·贝利（Christopher Bailey）到斯拉特·麦卡特尼（Stella McCartney），均是这些院校的产物。这些设计师的成功吸引了来自世界各地的学生。许多学生留在英国，在这里工作，为将伦敦造就成各式各样设计的世界中心贡献力量。

展示：设计博物馆将于2014年从泰晤士河畔的现有馆址迁至肯辛顿前英联邦学院所在地。约翰·帕森（John Pawson）将负责这个改造的规划设计。此次迁址将使博物馆的面积扩至原面积的3倍。

摄影：© ALEX MORRIS VISUALISATION

这种有关设计的自我意识帮助打造出了整个2012年奥林匹克运动会，而不仅仅是针对建筑结构。荣膺2012年设计博物馆年度设计大奖的奥运会火炬，是由爱德华·巴伯（Edward Barber）和杰伊·奥斯戈比（Jay Osgerby）设计的。巴伯和奥斯戈比将新生气息注入现代主义风格，创造的精品家具和工业设计而享誉国际。奥运会主火炬则是另一英国设计师托马斯·赫斯维克（Thomas Heatherwick）的杰作。他同时也是2010年上海世博会英国馆以及新型双层伦敦巴士的设计者。

实际上，英国并没有制造出太多的智能手机或T恤，而是非常善于培养出可以制造这些东西的人。英国也善于对设计进行探究，而不仅仅将设计看作是一项销售工具。从威廉·莫里斯（William Morris）开始，英国对设计采取的是批判的态度，而不像雷蒙德·洛伊（Raymond Loewy）那样更多的是倾向商业化的方式。莫里斯（Morris）相信设计师的职责是使世界变得更加美好，洛伊（Loewy）则主张事物不仅要看起来漂亮，还要好卖。我们可以通过纽约现代艺术博物馆近期的新增品看出这种差别。在过去10年收集的英国展品中，我们会发现捷豹E–型车和文森特摩托车。但是大量的展品还是来自托尼·邓恩（Tony Dunne）和费奥娜·拉比（Fiona Raby）及他们在皇家艺术学院的学生的作品。现代艺术博物馆建筑和设计资深馆长葆拉·安东内利（Paola Antonelli）购得了邓恩（Dunne）、拉比（Raby）和迈克尔·阿纳斯塔夏季斯（Michael Anastassiades）的联合作品“喜人的原子蘑菇”（2004年），这是一个具有讽刺意义的抱枕娃娃，作品表达出在面对灾难性的未来，任何设计都无意义的愤然批判态度，同时也购买了名为“为人口过剩星球的设计”（2009年），这个使人更加忧虑的视频作为藏品。这

英国最佳作品：维多利亚和阿尔伯特博物馆2012年8月12日举办的展览"1984-2012英国设计展"，展示了英国战后艺术作品的最高水平。在展出的300件展品中，有1961年捷豹E-型车（左上图）、1977年宣传了"性手枪"摇滚乐队的海报"天保佑女王"（左下图）以及2009年亚历山大·麦昆设计的晚礼服（下图）。塞西尔·比顿（Cecil Beaton）举办的伊丽莎白二世女王摄影展于4月份在维多利亚和阿尔伯特博物馆降下帷幕。该展览包括一幅1953年女王身着加冕礼袍的影像（右图）。2012年的奥运火炬（右下图）是由英国的爱德华·巴伯（Edward Barber）和杰伊·奥斯戈比（Jay Osgerby）团队设计的。

些作品都是在提醒我们关注那些鼓励我们多消费的设计原则的适当性做经常思虑。

25年前，还没有感觉到英国具有成为世界设计新思想中心的潜力，但是英国还是促使特伦斯·康兰（Terence Conran）和史蒂芬·贝利（Stephen Bayley）建立了原创设计博物馆。该博物馆成为其原有主人的维多利亚和阿尔伯特博物馆（即V&A）中一个活跃的刺激因子，提醒着人们：设计是关于未来和过去、关于大规模生产、关于新技术和工艺的关键。

设计博物馆自1989年起开始在当前建筑中营运，该建筑前身是一香蕉仓库，后改建成泰晤士河上的临摹包豪斯风格的建筑。今年，该博物馆将迁至前英联邦学院，该学院开办于1962年，标志着英国的殖民地独立。作为略微参照建筑师沙里宁（Saarinen）设计的纽约市-约翰肯尼迪机场TWA候机厅式样的地标性建筑，该建筑已闲置了十年。现在是在肯辛顿（Kensington）开发更大面积的花园项目中，以博物馆的身份重获新生，这个项目由大都会建筑事务所（OMA）的莱尼尔·德·格拉夫（Reinier de Graaf）进行规划，由West 8事务所进行景观设计，在三座低层大楼中将设置60间套房。博物

馆将与约翰·帕森（John Pawson）一起将这座废弃的建筑重新利用起来，提供10万平方英尺的面积，也就是当前博物馆面积的3倍。预计2014年年底开馆时将吸引每年50万人次参观。这将是一个为当代设计和博物馆建筑树立新范式的大好机会。*Deyan Sudjic/文 肖铭/译 夏鹏/校*

德杨·萨德杰克（Deyan Sudjic）是一位建筑和设计评论家，同时是伦敦设计博物馆负责人。

万众瞩目新建筑

虽然今年的（奥林匹克）运动会已经为该城市的新建设设定了截止日期，但一些大型项目离它们的终点仍旧有一段距离。

BY LAURA RASKIN（劳拉·劳斯金）

凡车迟街20号：

拉斐尔·维诺利建筑事务所

该39层、110万平方尺的办公大楼由于其头重脚轻的形状而被授予“对讲机”绰号，目前正在建设中，预计于2014年完工。其露天花园将提供具有360度的视角，可将整个城市的景色尽收眼底。

泰特现代美术馆项目：

赫尔佐格和德梅隆设计事务所

泰特现代美术馆的第一阶段预期花费3.45亿美元，将于今年7月开幕：将之前发电站使用的两个油罐改建成艺术展馆；该项目的第二阶段是建设类似（古代美索不达米亚的）金字形神塔状的建筑群，这将提供超过整个项目70%的空间，预计于2016年完工。

国王十字广场：

斯坦顿·威廉姆斯

国王十字车站（由约翰·麦卡斯林设计公司和奥雅纳工程顾问公司共同设计）将改建成一座新型的公共广场，预计于2013年年末完工。这座建于20世纪70年代的广场将被拆除并扩展，重新建造一个75000平方英寸的露天广场，配有座椅和室外艺术展厅。

利德贺街122号:

罗杰斯·史达克·哈伯+合伙人事务所

该47层办公大楼外表看起来像是切下的一块蛋糕，由此得名“奶酪刨”。其实，其楔形切面酷似圣保罗大教堂。

巅峰:

科恩–佩德森–福克斯建筑事务所

此螺旋型、超高办公大楼位于伦敦金融中心的心脏，始建于2008年，但至今仍未完工。该建筑物的高度可达941英尺，共64层。其外表覆盖重叠的矩形玻璃板使其看起来像一条舞动的蛇。

巴特西发电站:

未知设计师

凭借其四个标志性烟囱，巴特西项目时刻准备复兴。房地产商人寻找到机会于2006年将其收购，并邀请了拉斐尔·维诺利（Rafael Viñoly）建筑事务所来做这片土地的总体规划，但其参与的具体设计师的名字却不得而知。该发电站再次面临着被出售的境况。截止到发稿时，切尔西足球俱乐部的大楼是15个建筑中第一个标价（出售）的建筑。

美国大使馆:

基兰·廷伯莱克

大使馆占地61.3万平方英尺，将于2013破土动工并于2017年完工，将是九榆树地区位于占地4.9英亩公园的中心地带，目前有一些仓库和低层办公楼。

切尔西营:

狄克逊·琼斯建筑事务所，

科恩·威克力建筑事务所联合设计

该12.8亩土地与时尚的切尔西区域相邻，贝尔格莱维亚区建于19世纪60年代，废弃后于2008年以15亿美元的价格出售。其总体规划将在未来六年分阶段完成，包括住房、零售业板块和绿地。

图片提供：© RUSS ANDERSON（贝特西）; COURTESY KIERANTIMBERLAKE/STUDIO AMD（大使馆）; CHELSEA BARRACKS PARTNERSHIP; KOHN PEDERSON FOX（巅峰）; BRITISH LAND（利德贺街122号）

对未来挥手

2012年伦敦夏季奥运会会场的幕后设计师们的目光，远远超过本次奥运会的闭幕式，使得那些场所能够适应长期的使用需要。

Joann Gonchar, AIA/文 刘永安/译 肖铭/校

从2005年7月伦敦赢得主办奥运会资格的那一刻开始，组织者的主要目标就是要利用奥运会这个巨大的运动和媒体事件作为催化剂，来促进东伦敦区在经济和社会方面的变化，东伦敦区是伦敦城长期受到忽视的一部分。对于规划者来说，奥林匹克运动会提供一个机会来重新构建这个充满严重污染的工业区域。要把它转变成一个有公园、廉价住房、新式公共交通等便利设施的地方。

作为本战略的一部分，伦敦奥运会和残奥会组委会硬性规定只有满足我们长期使用需求的永久性的运动设施才被批准建设。这些建筑物将会以一种新的设计思路进行设计，以便他们能够很容易从奥运会的使用模式转变到社区使用模式。其他比赛设施也将会有很强的适应性，或者临时性的。他们的零部件都可以很快地进行拆卸，并且他们的建筑用地也很容易改变为其他用途。“在奥运会结束的时候，可以迅速地整理场地，把它变成该城真正的一部分”，杰生·普赖尔（Jason Prior）说。他是AECOM咨询公司负责规划、设计和开发的执行主席，就是他负责了英国伦敦奥运会的总体规划。

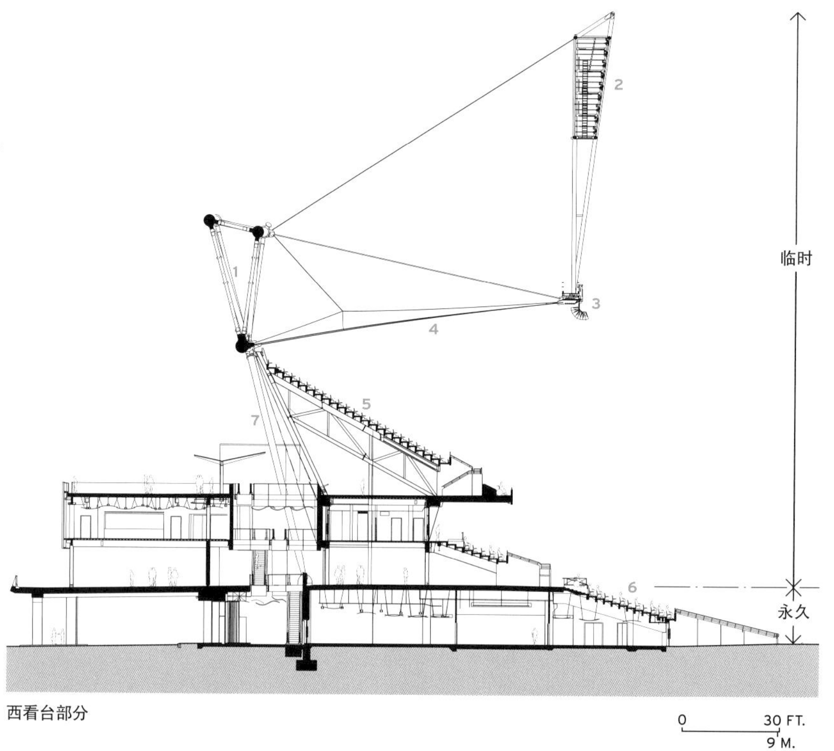

西看台部分

1 压缩桁架
2 灯塔
3 压缩桁架
4 屋顶膜
5 上部碗状坐席
6 下部碗状坐席
7 斜柱

奥林匹克体育场 Populous建筑设计公司

经过构思可以在用后拆卸，或者更准确地说能被按照尺寸复原的设施之一，就是由Populous建筑设计公司设计的伦敦奥林匹克体育场。那个建筑物被设计为可以瘦身，通过部分拆卸从一个容纳80000名观众坐席的奥林匹克设施转为仅能容纳原来人数三分之一的后奥林匹克时期的体育场。为了使这一转变更便利一些，Populous建筑设计公司设计了策略是：低规格的、有25000个坐席的碗状体育场——伦敦碗的下部——这些座位在设计时计划永久留下来；包括55000坐席体育馆上部——这些部分要求便于拆卸，它们用由螺栓连接在一起的、宽凸缘的钢制结构支撑着预制水泥板露台。

该项目小组，包括标赫工程顾问公司（Buro Happold），都认为体育场不该有屋顶。然而，计算流体力学的分析表明，该体育场需要一个屋顶来保护场地免受风的影响。因此设计师们设计了一个聚氯乙烯（PVC）的遮阳篷，该遮阳篷伸展后能遮盖四分之三的观众坐席。它有一个像自行车轮式的结构，是用螺栓连接的许多钢管构成。这些钢管是从煤气管道项目中回收再利用的。该系统和坐席位的结构是相互独立的，周边压缩的桁架通过钢缆连接到屋顶内部边框，向后倾斜的斜柱把建筑物所产生的重力转移到地基上。

根据奥运交付管理局（ODA），也就是负责奥运会建筑的机构的说法，该策略导致该建筑物仅仅需要大约1.1万吨的钢结构，使之成为至今世界上最轻的奥林匹克体育场。作为对比的例子，

摄影：© MORLEY VON STERNBERG；技术图：COURTESY POPULOUS

登陆architecturalrecord.com观看更多幻灯片。

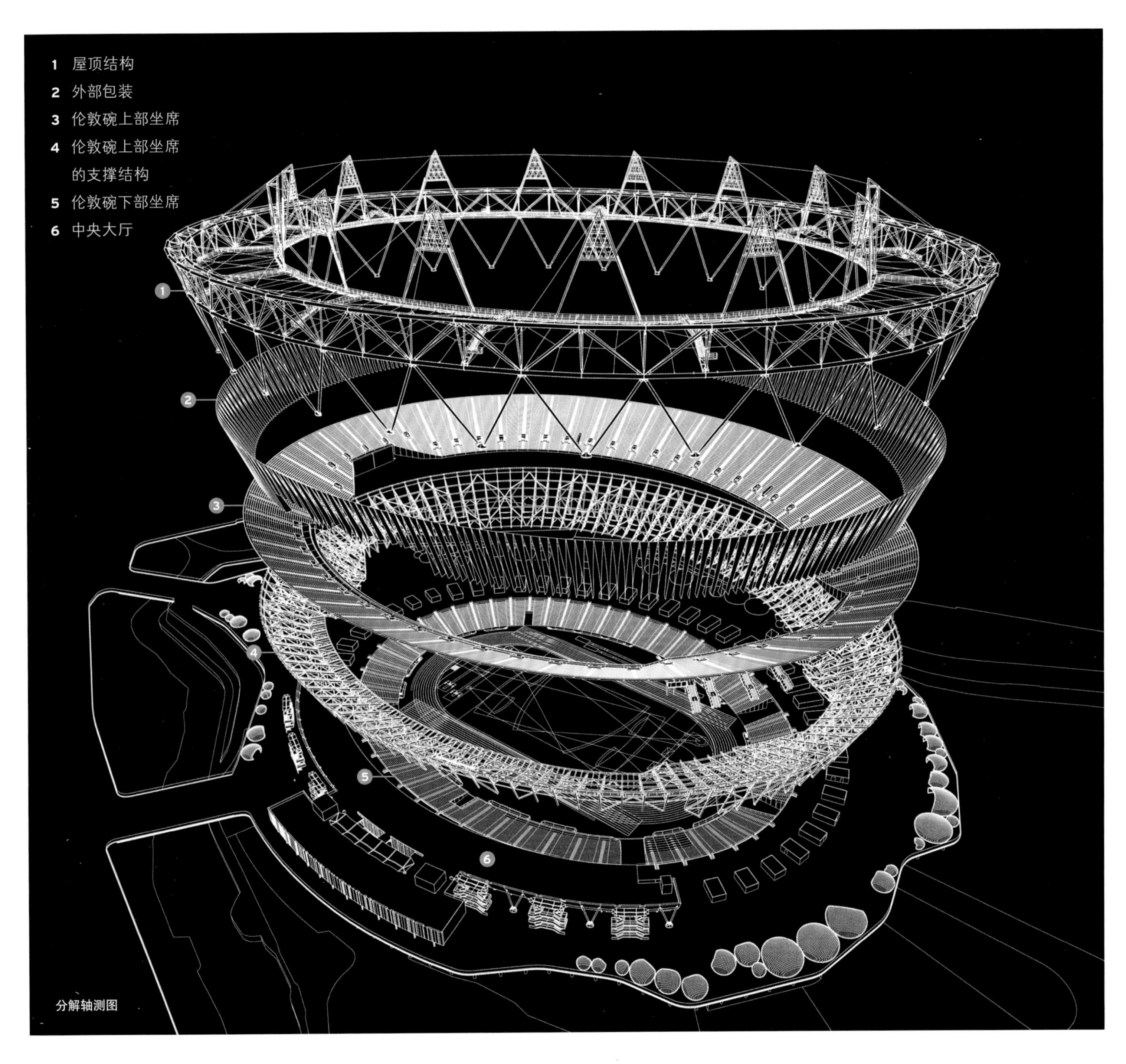

分解轴测图

瑞士建筑师赫尔佐格和德梅隆（Herzog & de Meuron）所设计的，为2008年北京奥林匹克运动会所建的“鸟巢”奥运体育场用了几乎4.2万吨钢。

把经营业户从他们通常在体育馆下面的营业场所中撤出的决策，有助于这个建筑物的瘦身。通过把摊贩归拢到在体育场外围暂时的建筑容器里，设计师们能够减少对机械通风和消防设备的要求。这种结构和规划有效的把奥运体育场变成了一个低建设能耗的建筑物（指的是在体育场的建设过程中消耗的，包括材料提取、产品加工和建筑，但是不包括运行时的能量消耗）。根据一些估测，一个体育场的建设能耗一般超过建筑物使用寿命内60%的能量消耗——这个比例远比其他类型的建筑物要高很多。因为它被使用的频率不高，“参与使建筑物运行的能量相对来说小得多”，罗德·谢尔德（Rod Sheard）说，他是Populous建筑设计公司的资深设计师。

Populous建筑设计公司的解决方案很高超，部分原因是它允许将建筑物的屋顶移去，却不影响到下面的碗状观众席；它也允许在拆卸上面的座位的时候，下面的座位不受影响。然而，监管奥运后，体育场发展使用的伦敦遗产发展公司，制定新的计划要求上面和下面的碗状坐席和顶棚保持完整，同时把坐席总数减少到大约60000。同时LLDC也在评估把这个体育馆用作多功能场馆的投标规划。该体育场已承诺作为2017年世界田径锦标赛的建筑设施。

防风屏：这个遮住部分坐席的屋顶的主要目的是控制奥运场地的条件。一个像自行车轮状的、由周边压缩的、被用钢缆连接到内张力圈上桁架组成的结构，支撑着PVC膜遮阳篷。

水上运动中心 扎哈·哈迪德建筑设计事务所

虽然在奥林匹克公园里，伦敦奥运体育场现在看来是长期的固定建筑物，但是在设计时，它的很大一部分是为了暂时使用。对比之下，由扎哈·哈迪德建筑设计事务所（Zaha Hadid Architects）设计的水上运动中心却从项目的一开始，就被设想为一个永久性的地标——尽管在奥运会之后，它的17500个观众坐席中将减少85%。在一个混凝土平台里，波浪式屋顶的设计灵感来自于水的流动性的，该建筑物拥有两个游泳池——一个供游泳比赛使用，另外一个供跳水比赛使用。还有一个游泳池是供运动员热身用的，很隐蔽，像是被掖在一座桥的下面——这座桥是通往后奥林匹克中心地区的主要路径。

已经有人批评这一带有两个像翅膀一样的建筑物，在这个翅膀样的附属结构中，提供了15000个奥运规格的座椅。他们短而结实的块状外形（至少在外形上看是这样的）使奥运会水上运动中心流线型的外形显得不那么明显了。但是，为了把这个场所转换成一个游泳池以供社区使用，这两个“翅膀”将在奥运闭幕以后被“剪掉”，取而代之的是玻璃墙面。作为官方开发援助（ODA）机构所确定的进行PVC回收政策的一部分，“翅膀”的外包装材料将由开发商回收，或者是再利用，或者是循环利用以制作低规

有点矛盾的是，临时看台的视线要求决定了屋顶的高度和几何形状。

格的乙烯基。这些坐席都是租来的，还将被返回到租赁市场。那些支撑着看台的钢材由螺栓固定在一起，有标准的宽凸缘外形，能很容易在其他建筑工程项目上被使用。

有点矛盾的是，临时看台的视线要求决定了11.8万平方英尺的永久性屋顶的高度和几何形状。它以波浪的形式从南到北掠过那无柱大厅的上方，并在跳水池和主游泳池中间向下倾斜，又在西部边缘和东部边缘向上倾斜。

为了支持该建筑这种双曲面的形式，奥雅纳工程顾问公司（Arup）的工程师们设计了一个系统。该系统有10个主要是由直线形钢管构成的扇形桁架。在两个横桁架之间那些桁架的跨度是390英尺——一个桁架端坐落在大厅南端、宽度是90英尺的剪力墙上；另一个位于北面两个相距177英尺的混凝土芯上。横跨在桁架顶端、低端和弦上的檩条为屋顶上部表面的铝制外壳表层提供了附着点，同时也为室内天棚上悬挂的红奥（louro）嵌板（在一些地方为实心体，在另外一些地方为胶合板空心体）提供了附着点。

完整的桁架组件重量大约3500吨。如果减少屋顶形状的雕塑造型，可能会产生一个较轻的屋顶。按照ODA的说法，屋顶的各个组成材料已经被最优化了，达到了95%的结构效率（实际允许的最大效率）。“没有一部分是可以减少的”，格伦·莫利（Glenn Moorley）这样形容，他是扎哈·哈迪德建筑设计事务所的项目建筑师。

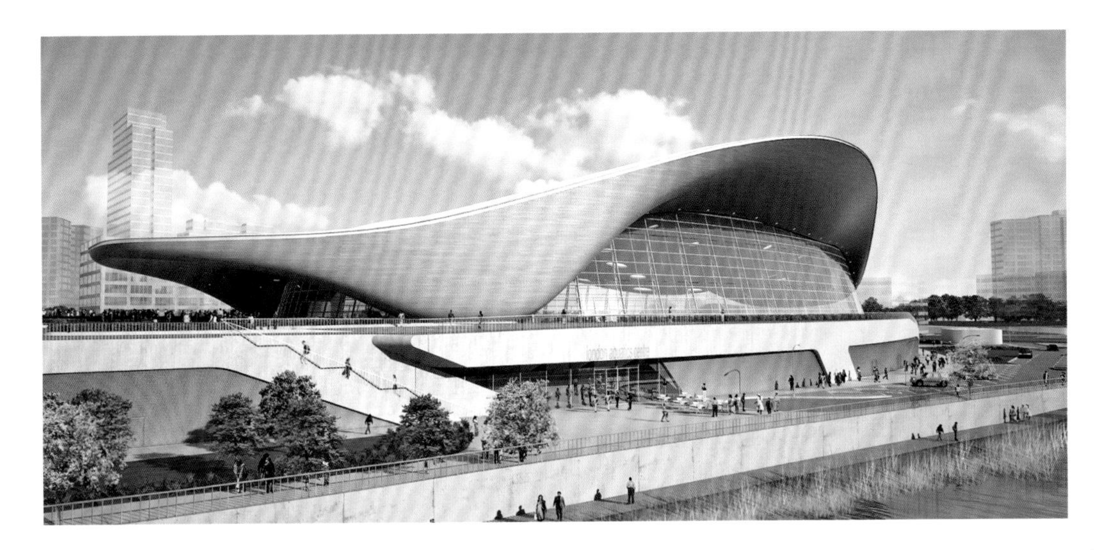

隐形之美：至少从建筑外部看来，那个临时性的、可容纳15000观众席位的“坐席翅膀”在水上运动中心占有主导地位。叫做以“奥林匹克形式”（对页上图和下图）。在奥运会以后，这两个“翅膀”将被“剪掉”，巨大的玻璃墙将被安装在“翅膀”原来的位置（左图）。主游泳池的红奥（red louro）嵌板屋顶将会继续工作，从里到外展现它的风采。

摄影：© LONDON 2012（对页图）；HUFTON & CROW（底图）；效果图：©ZAHA HADID ARCHITECTS

雕塑跨度：水上运动中心的屋顶坐落在两个横桁架上，横桁架由混凝土剪力墙和两个混凝土芯支撑。构成波浪形状的10个扇形桁架几乎完全由直线型桁架构成的，跨度是390英尺，最宽处将近300英尺。

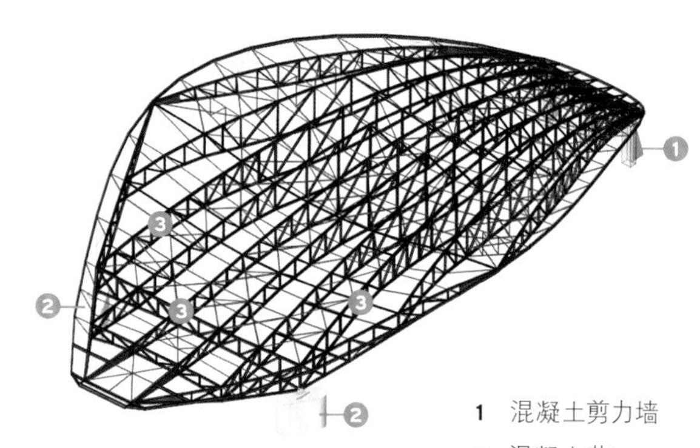

1 混凝土剪力墙
2 混凝土芯
3 扇形桁架

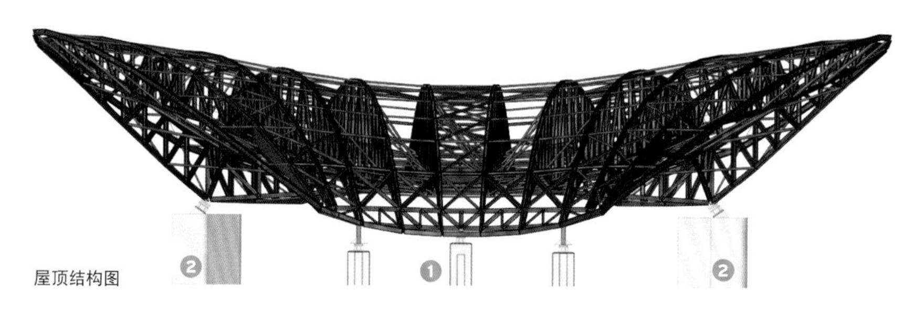

屋顶结构图

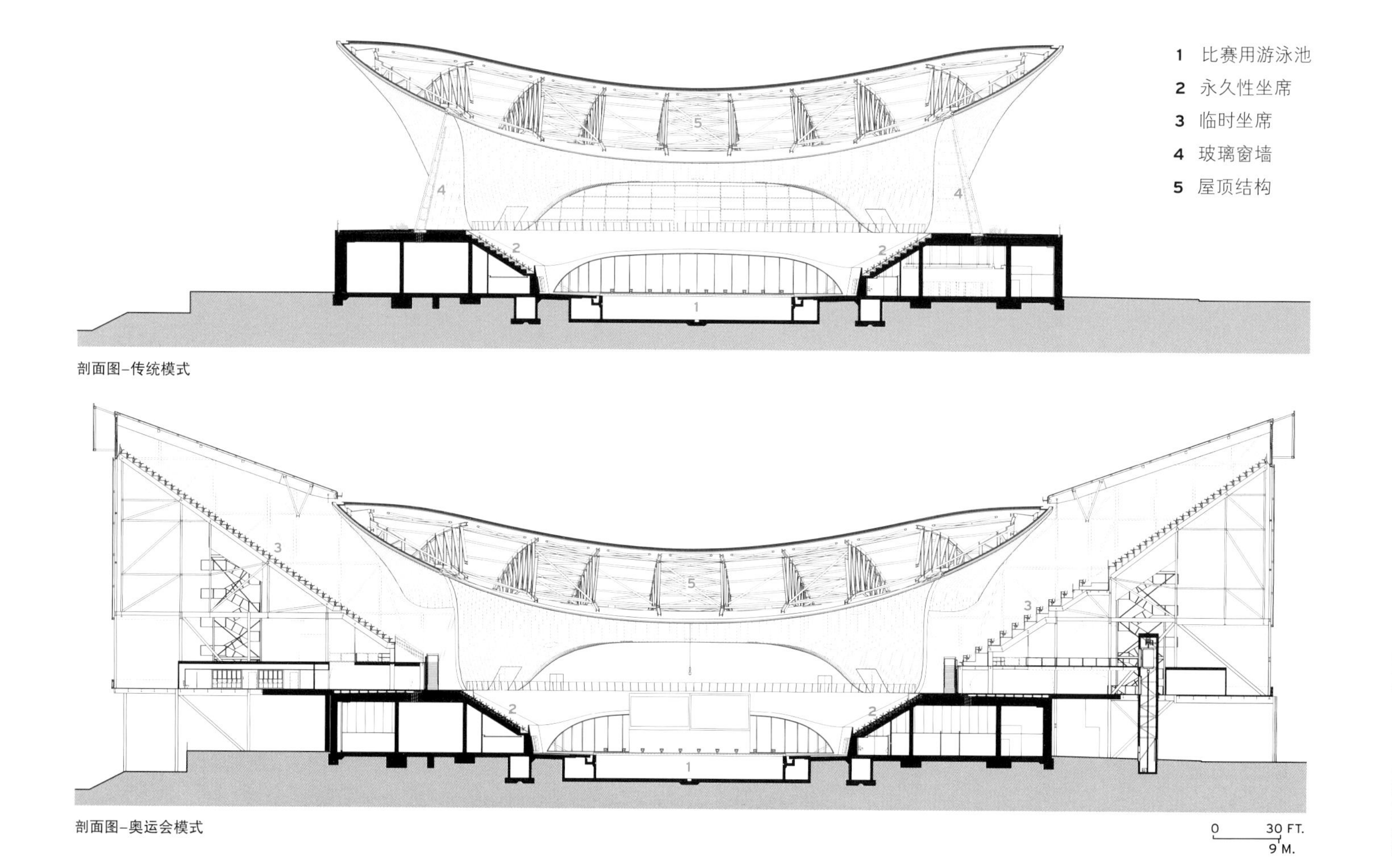

1 比赛用游泳池
2 永久性坐席
3 临时坐席
4 玻璃窗墙
5 屋顶结构

剖面图–传统模式

剖面图–奥运会模式

奥林匹克篮球馆 威尔金森·艾尔建筑设计有限公司

虽然水上运动中心和奥运体育场在设计方案中就计划在奥运会之后缩身，但是官员们对奥林匹克篮球馆采取了另一种不同的处理方式，他们在对这个临时性的比赛场所发表的一个简洁的声明中，明确了这个有12000个座位的建筑物将在奥运会后可以被完全拆卸，其中至少有三分之二零部件可以被再使用或者回收再用，该建筑也可以在别的地方重新组装起来以供继续使用。作为对这一声明的回应，设计小组，包括威尔金森·艾尔建筑设计有限公司（Wilkinson Eyre）和SKM结构工程公司探索了很多方案，例如一个索网结构和一个网格状拱顶。他们在考虑建筑成本、施工难易程度以及是否能够被拆卸和重新使用这些因素的基础上评估这些选择。最后他们选定了钢框结构，但是配上的是一个浅桶屋顶而不是典型的倾斜屋顶。建筑物的整个体积覆盖着21.5万平方英尺的PVC膜，使建筑物的正面看起来就像威尔金森·艾尔建筑设计有限公司设计副主任山姆·赖特（Sam Wright）所比喻的一块面包。他说："我们不想给公园呈现出一个笨拙的、像山墙一样的背面。"

然而，奥林匹克篮球馆和普通的白面包还是差别非常大。它有丰富多彩的表面衔接。该衔接是通过进一步把它的立面划分为一个个19英尺长、80英尺高的海湾状小块。这些包括辐射状副钢框架，它们按照三种不同方式排列单元组合。这些单元都是正面凸出、而背面凹陷的形式，并且采用倒挂的方式组合，因而形成六种单元式的不同变化和一个看似杂乱呈波形的墙体表面。威尔金森·艾尔建筑设计有限公司的设计主任吉姆·艾尔解释说，这些海湾状小块覆盖可以折叠的PVC膜，能被拆卸，然后重新搭建或者组装起来。

奥林匹克篮球馆的剩余部件已经在设计时候就为今后再使用做好了准备，同其他奥运场所使用的再利用策略相同。例如，支撑坐席的结构是自立式的，并且是用螺栓固定在一起的而不是焊接的，就像是门式框架。为了使篮球馆空间更加紧凑，设计

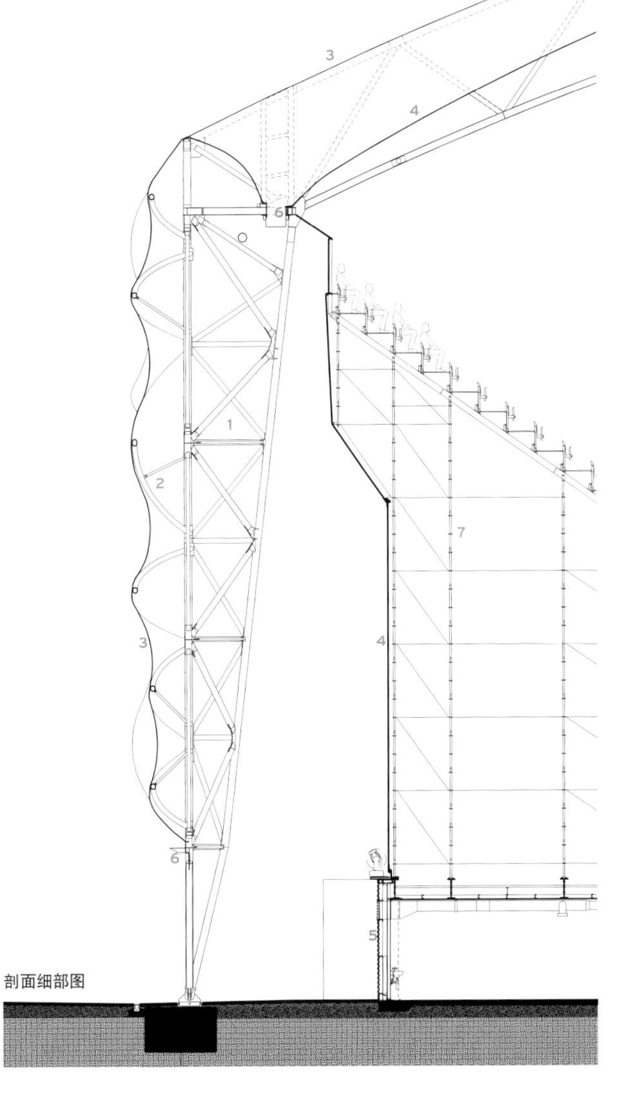

看起来杂乱无章：奥林匹克篮球馆的19英尺长、80英尺高的海湾状小块包括：辐射状副钢框架，它们按照三种不同方式排列组合；用PVC膜包裹的框架结构弯曲方向都是正面凸出、背面凹陷，同时采用倒挂方式来形成一种富有变化的纹理表层。

摄影：© EDMUND SUMNER；技术图：COURTESY WILKINSON EYRE

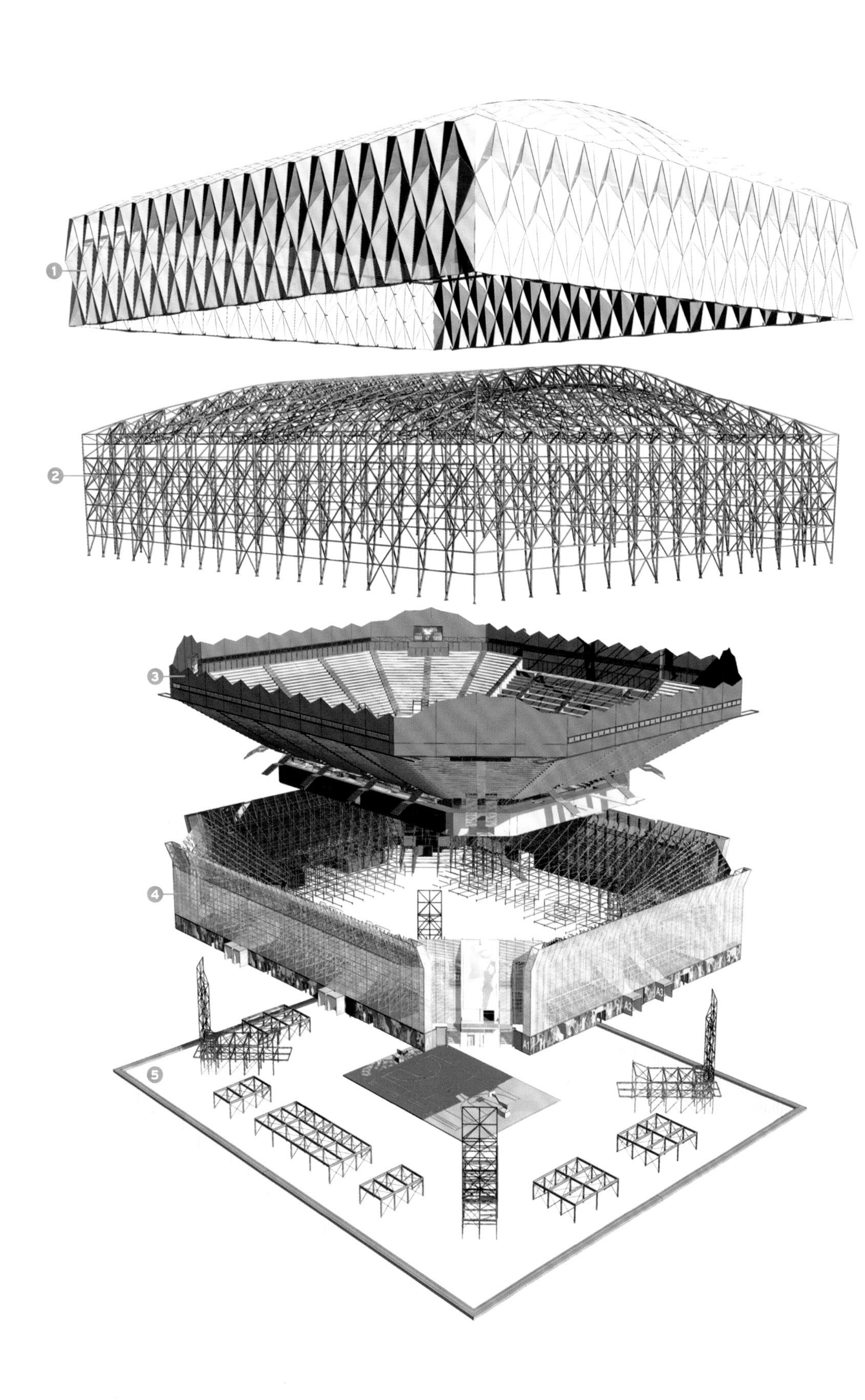

小组使用的是在奥运主赛区对经营业户所使用的方法：篮球馆的支持性服务业务，包括热身场地、餐饮区域和安全保障都安排在一个相邻的、模块式的、被艾尔称之为“招待酒吧”的建筑物里。

奥林匹克篮球馆一个特别不同寻常的方面，就是生产组装它们的方式。建筑物被划分为六个部分，每一个部分都是单独招标承建的：门式框架和PVC外壳膜、坐席和坐席支撑结构、内部装修、机械机电工作、地基处理等等。重新使用或者再循环使用这些部件的责任在于承包商，很难预测篮球馆会再次花开何处。然而，建筑物的纹理外壳和它的框架能很好地被运送到巴西供2016年奥林匹克使用：根据伦敦遗产开发集团（LLDC）的说法，来自里约热内卢的官员们、外壳膜供应商和它的基本结构供应商一直在讨论这样一种可能性。

如果奥林匹克篮球馆的外壳膜“旅行”到巴西，它将肯定能检验伦敦奥运会的目标的正确与否。但是为了更加精确地评估伦敦举办奥运会的成就，我们将不得不再等候四年，关注游泳池、体育场和公园作为一个整体，能否成为社区的需要，如果人们所期待的“再生”真的发生了、如果奥林匹克运动会场所成了“真正城市的一部分”，像AECOM咨询公司的普赖尔（Prior）先前预测的一样，那么，2012年奥运会将是一个真的成功。*Joann Gonchar, AIA/文 刘永安/译 肖铭/校*

分解轴测图

1 PVC膜
2 钢制框架
3 坐席系统
4 充气增压
5 转换结构和基础

技术图：© COURTESY WILKINSON EYRE

更正

刊登在今年杂志第二期第44至47页上的“瑜所”应为“瑜舍”。

镶在石头上的建筑

纽约市

作为纪念富兰克林·罗斯福总统的遗产，路易·康最后设计的纪念馆在距离其设计的38年之后，在城市的水边立起。

BY BETH BROOME（贝丝·布鲁姆）

技术图：© STEPHEN AMIAGA

就如一个被冷藏的多年的人踉跄走出冰冻状态一样，一个冻结了数十年的项目复活了，来到这个奇特的即熟悉又陌生的世界。这种复活是很冒险的：这个作品还有意义吗？还能忠实于设计者本来的想法吗？这些问题盘绕着纽约市富兰克林·罗斯福四大自由公园，这是弗兰克林·罗斯福总统去世后不久，为了纪念他，由路易·康（Louis I. Kahn）在1974年设计的纪念公园。38年后的今天，这个公园将在10月24日对公众开放。

在罗斯福岛的南端，一个闪闪发光的白麻石花岗岩的“惊叹号”逆流撑在曼哈顿和女王区之间的东河之上。这个对称的4英亩公园由简单的两部分组成：一个三角形和一个正方形。康（Kahn）在1973年的讲座中说：“我的想法是一个纪念物应该有一个空间和一个花园。这就是我所有的想法……我选择这个作为出发点。”这个花园是“个人的一种对自然的控制，空间是这个建筑的起点……是自身的一个延伸”。就如康预期的那样，纪念公园是个精神圣地，它不仅让人感受建筑的永恒——这是他给纪念碑在建筑上的定义——它还在提示参观者去思忖重量和坚固在大型计划中的作用。

两英里长、800英尺宽的罗斯福岛，尽管邻近曼哈顿，却总是处于边缘，岛上建有监狱、养老院、精神病院和为“患有不治之症的人”设置的医院。在1973年——当把该岛变成中产阶级住宅区的计划形成后——纽约州城市发展公司（UDC）重新命名了这个原来叫韦尔弗尔的长条形的岛屿，并展示给公众一个康设计纪念公园的模型。建筑师没有辜负这个重任，康在他的职业生涯中，很早就受聘于新政规划（New Deal programs）中的项目。已故建筑师的女儿，从20世纪90年代一直非正式的参与这个项目复苏的苏·安·康透露，“罗斯福是我们家族敬重的伟人，促进人类的进步是我们家族最关注的主题，我爸爸（生前）积极的进行‘用建筑来丰富人们生活’的活动，清晰的表达了这个观点。”

就在康1974年3月去世前夕，四大自由基金会（FFF）和纽约州城市发展公司（UDC）批准了建筑师纪念公园的初步设计。当然，因为众所周知的决策的拖延，许多重要的细节还没有制定。许多康公司的职员，包括他的前任合作者和业务经理大卫·威斯顿（David Wisdom），一起合作完成了图纸，并与米切尔/朱尔格拉（Mitchell/Giurgola）纽约办公室的奥尔多·朱尔格拉（Aldo Giurgola）签订合作协议（其中，团队需要一个注册建筑师负责图纸签字），朱尔格拉也是康的一个朋友，他让康的办公室带头完成这个项目。多年以来，尽管富兰克林和埃莉诺·罗斯福协会（该协会的前身是FFF）及其主席威廉·范登·霍伊维（William vanden Heuvel）多次尝试启动这个项目，但是政治愿望和财政问题似乎永远不能达成一致。最终，在2005年，芝加哥阿尔法伍德基金会提供了资金，使得范登·霍伊维（vanden Heuvel）成立了一个项目办公室并雇用了一个执行理事，随后在2008年成立了弗兰克林·罗斯福四大自由公园有限责任公司（FDRFFP）作为一个附属建设实体。随着公共和私人资金的流入，公园在2010年3月开始了建设。

就在詹姆斯·伦维克（James Renwick）建于1854年的天花病医院的传奇式的遗址的南面（在即将由康奈尔大学和以色列理工大学联合建成的科技学院附近），一个巨大的花岗岩楼梯通向抬起的三角形花园，花园有一条长形的草坪斜坡，草坪两侧是栽有小叶椴树的小路。整个花园两边都有花岗岩的路堤向下延伸至

摄影：© PAUL WARCHOL（除署名外）

登陆architecturalrecord.com观看视频。

前厅入口：面朝南面，上楼梯（顶图），沿着花园走，一个单点透视的视角把目光引向罗斯福总统半身像。一个花岗岩的路堤向下延伸至东面的人行漫步道（对页图），步道下筑有石基。小富兰克林·德兰诺·罗斯福（FDR Jr.）、康（Kahn）和纽约州长W·埃夫里尔·哈里曼（W. Averell Harriman）（右图）在1973年四大自由公园初步方案公布的晚宴上（图像那时没有公布）。康在1973年9月，用彩色铅笔在黄色的描图纸上画的设计全景图（上图），当时岛改了名字，设计第一次公布出来。（该方案当时没有建成）

FRANKLIN DELANO ROOSEVELT

国家元首：富兰克林·德兰诺·罗斯福的1050磅的铜像（对页图）是由乔·戴维森（Jo Davidson）所雕刻的雕像的放大。在广场空间（顶图）可以看到曼哈顿市中心的全景包括联合国大厦建筑群（U.N. complex）。夜幕下的皇后区大桥（Queensboro Bridge）在一个花岗岩块后面闪闪发光，花岗岩上面刻着出自富兰克林·德兰诺·罗斯福的"四大自由"演讲中的文本（上图）。

人行漫步道，其下面是宽阔的石基，作为与东河（实际是有潮汐的海峡）间的缓冲。康的作品总是能反映出古典建筑美学的影响：强烈的聚焦构图控制着参观者的视线并使广阔的空间富有生命力。在鹅卵石铺成的前院之上、三角形花园的顶端是罗斯福总统1050磅重的半身铜像——那是乔·戴维森（Jo Davidson）雕刻的雕像的放大。雕像坐在壁龛之上，壁龛背面刻着罗斯福总统1941年对国会著名的"四大自由"演讲的部分内容，其中明确地表达了四项他认为每一个人都应该被给予的人类四大基本自由：发表言论及表达意见的自由、信仰的自由、不虞匮乏的自由、免除恐惧的自由。

最前面的部分是广场空间，由很多石块围绕着一个整块重达36吨、取自北卡罗来纳州芒特艾里（Mount Airy）的巨型花岗岩——这块石头是该项目中唯一使用的石头，也是康生前就挑选好的三块石头之一。这些围合成广场空间的石块之间只相距一英寸的距离，连接处的里面都经过了抛光处理。作为一名建筑师，在过去六年里帮助带领团队完成项目、弗兰克林·罗斯福四大自由公园有限责任公司（FDRFFP）的执行总监吉娜·玻拉亚（Gina Pollara）表示："为了加工这样大的一块石头并且要保持非常精准的边缘，康设计了非常紧密的偏差限制，这些困难对每个人来说都是难以置信的挑战。"玻拉亚（Pollara）提到原图有1/32英寸的公差，而团队在建设时，把这个要求提高到（令人钦佩的）1/8英寸的公差极限。工程执行的严格由此可见。这些（事情）原来只是经常出现在电影中。广场空间突出前端的沟槽（或者是叫什么其它的名字）回避了栏杆的需要，让人将曼哈顿景色尽收眼底的同时，十分清晰的看到联合国总部建筑群的全景，给参观者一种正好在水的边缘，可以毫无阻碍的走进水里的感觉。

1 入口
2 花园
3 人行漫步道
4 前院
5 富兰克林·德兰诺·罗斯福雕像
6 广场空间

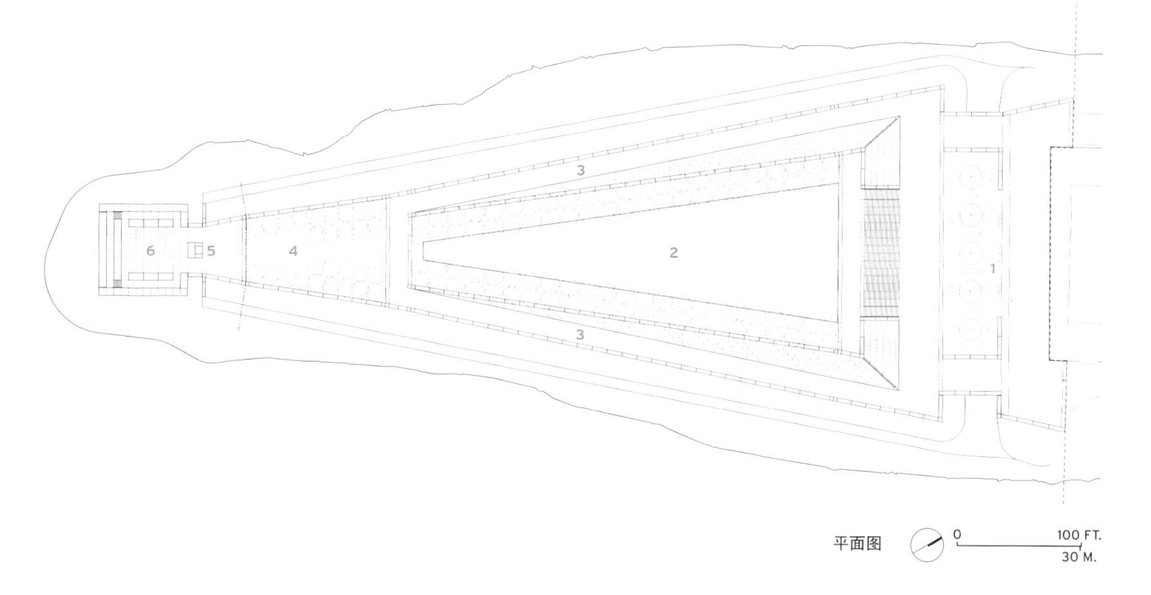

平面图

团队想尽可能的忠于原设计，但调整（考虑到科技的进步）是不可避免的。米切尔/朱尔格拉办公室的保罗·布罗赫斯（Paul Broches）表示："为了使设计达到建设的现行标准，满足建筑规范和气候变化，最大的挑战是新建筑支撑结构丝毫不能改变设计原貌。"团队把公园海拔提高了15英寸来适应上升的海平面。在前端的广场空间，增加沉箱来支撑混凝土底脚，在花岗岩基础墙里和柱子中加螺纹钢条来抵御环境载荷，洪水、波浪冲力和地震力的破坏。照明方案进行了扩展（给小榉树和半身雕像照明），树艺顾问建议树网由原来的10X10英尺提高到12X15英尺。

团队得益于先进的技术和产品，例如现代水泥浆的配比可以得到ADA辅助的自动数据采集进行调整，还有用稳定花岗岩石子替换人行道上的碎石，但很不幸的是这种碎石缺少了令人满意的嘎吱声响和松动的石头微动闪光。苏·安·康（Sue Ann Kahn.）说："在他们能够决定纪念公园建成什么样的情况下，他们已经尽一切可能让纪念公园馆接近我父亲的初衷"，"我确实认为它的建成是一个奇迹。我认为父亲会很高兴。"

穿越公园像置身于一艘驶向明亮远方的船上。站在小径静止的凉爽中或在耀眼的广场空间中，波浪撞击着地基，大都市的地平线梦幻般的悬在河的对面，这是一种超越时间的感受，就像这个建筑本身一样，令人感觉既古老又现代。康说："过去一直什么样，现在一直什么样，将来还会一直什么样"。"这是开始的本质"。它的到来已经等了很长时间，但它只是一个开始。康如其他人一样清楚伟大的作品需要时间来建造。*Beth Broome/文 刘爽/译 肖铭/校*

行进顺序：从前院向北看，伦维克遗迹公园是纪念公园的入口标志（左图）。小叶菩提树荫的小径渐变成碎石铺的沿着花园的小路，一直延续到鹅卵石铺的前院，这里通往长的人行漫步道。所有纪念馆的石头都是采用芒特艾理花岗岩（Mount Airy granite）。下图：康办公室在1974年2月出品的一个模型。

图片：© THE ARCHITECTURAL ARCHIVES, UNIVERSITY OF PENNSYLVANIA; 摄影：GEORGE POHL（右图）

项目信息

建筑师：Louis I. Kahn
业主：Franklin D. Roosevelt Four Freedoms Park, LLC
——Ambassador William J. vanden Heuvel（主席）；
Sally Minard（董事长）；项目办公室：Gina Pollara（执行总监）；
Stephen Martin（副总监）；；John Conaty（所有人代表）
记录建筑师：Mitchell/Giurgola Architects——
Paul Broches（负责合伙人）；John Kurtz（设计合伙人）；
Valerie DeLoach（项目建筑师）
工程师：Langan Engineering and Environmental Services
（岩土/土木）；Weidlinger Associates（结构）；
Loring Consulting Engineers（机械/电气/管道）
顾问：Harriet Pattison, Lois Sherr Dubin（景观）；
Port Morris Tile & Marble（花岗石安装）；Swenson Stone
Consultants（石头品质保证）；Tillett Lighting Design（灯光）；
John Stevens Shop（雕刻）
工程经理：F.J. Sciame Construction
景观承包商：Steven Dubner Landscaping
面积：4英亩
建设费用：4450万美元
建成日期：2012年10月

材料供应商

花岗岩开采和加工：North Carolina Granite Corporation
灯光：iGuzzini
铜头像：Polich Tallix Fine Art Foundry
树木：Halka Nurseries（小叶菩提树）；
Whitmores Landscaping（紫叶山毛榉）

安大略省沃恩市 Vaughan, Ontario

激动人心的规划

市政厅综合大楼成为不断增长的多伦多市郊的心脏。

BY CLIFFORD A. PEARSON（克里福德·A·皮尔逊）

摄影：© TOM ARBAN（对页上图）

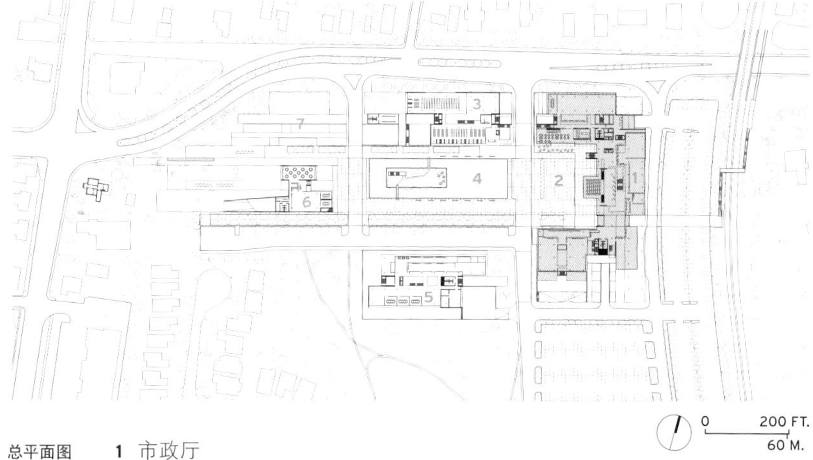

总平面图 1 市政厅 2 市民广场 3 图书馆(未来的) 4 滑冰场/水池(未来的) 5 扩建办公室（未来的） 6 商业空间（未来的） 7 社区花园（未来的）

多伦多以北14英里的沃恩（Vaughan）市是北美发展最快的地区之一，它已经从1960年拥有16000人口的乡村小镇发展成如今拥有28800人的不断扩展的城郊。现在，该市正在进行它的下一步计划——为当地平淡乏味的高速公路、购物商场以及雷同的住宅增添一抹城市的气息。通往多伦多的地铁将在2015年开通，沃恩的都市中心已经开建，这里将成为集公寓楼、办公楼、娱乐设施以及步行购物街于一体的商业中心区。

这一新兴的市郊另外一个重点就是沃恩的新市政厅，这是一个32.5万平方英尺建筑面积的大楼，即是这个城市变化的象征，也是这种变化所必要实用性的体现。尽管地块两边都面临国家一级公路，还有一边临着城际铁路，但是建设市政厅的目的就是要创建一个占地24英亩的城市活跃区，并最终实现图书馆、商铺、公共花园以及室外溜冰/划水等功能。2004年，多伦多的桑原·佩恩与麦肯纳·布隆伯格（KPMB）建筑设计公司在这个城市中心区的总体规划以及市政厅的总体设计邀请赛中取得胜利。“我们预先告诉他们，我们会打破比赛规则”，该项目的联合设计者布鲁斯·

登陆architecturalrecord.com观看更多幻灯片。

桑原（Bruce Kuwabara）说，“我们不想建造一个被汽车环绕的花架子，所以我们告诉他们，我们最终建成的是有很多地下停车位的一组建筑。”该公司的主旨就是要创建一个与加拿大城镇的传统模式相呼应的那种园区，使市政厅、公共广场、市场以及纪念碑等建筑群融为一体。同时，它也参照了本省农业区的东西向地区规划，把这些建筑以及室外空间分成了3个发展区。桑原解释说：“考虑到市郊地区所受的破坏，我们决定重新用景观填充这片土地，使之成为新的市中心。”

KPMB公司做的总体规划需要分阶段实施，现在市政府位于这个地块的北部、建于20世纪70年代、碉堡式的建筑中，而新建的市政厅矗立在东部。新建筑在2011年秋季开工，因此现在的沃恩市正要夷平旧址，向着未来前进。

市政厅耗资10.8亿美元，正面面对新的市民广场，该广场主要作为举办公共活动的聚集地，比如年度的市长烧烤节。市政厅包括市议会会议厅、政府办公室以及审批机构的办公场所。为了在视觉上使这个2层、3层以及4层构架的安排具有稳定性，设计师们附着了一个俯视广场的小细塔。桑原（Kuwabara）从他所在的公司以前设计的两个市政厅大楼的经验和收获出发，这样阐述该楼的设计理念：“我们要创建一个有市民性的建筑，而不仅仅是一个办公楼。”那两所大楼分别是1993年建在安大略省的基纳奇市和2000年建在英属哥伦比亚省的里士满市。尽管以一种抽象的方式来工作，建筑师们还是想要把沃恩的建筑项目与本市的特定人群相联系起来，其中就包括由意大利后裔组成的大社区。所以人们把这座小塔当作钟楼，用陶瓦片做百叶遮阴并用陶瓦板外饰。

贝佛拉克市长（Maurizio Bevilacqua）说，“这座大楼就是要呈现一种日益增长、越发自信的城市价值观”，贝佛拉克市长于2010年12月就任，此前他曾经在加拿大议会做了20多年的议员。“这是一个体验人生的地方”，他说，“人们可以一起来这里，同时，这里还是新时代的体现，那种透明性和持续性都非常重要。”

社区价值：可持续性和透明性是本项目设计遵循的两大关键理念。玻璃正立面的议会厅（对页图）悬于风景优美的文娱广场之上，使市民能够看到他们的政府的工作状态。美国绿色LEED黄金认证看重的是许多立面（上图）的陶瓦百叶窗、多孔的Low-E玻璃、大量的绿色屋顶。当新市政大厅西侧的滑冰/水池以及图书馆建立起来的时候，地面停车位（下图）将转到地下。钟塔为水平的建筑造形增添了垂直感，并暗示出钟楼以及许多沃恩市民的意大利传统。

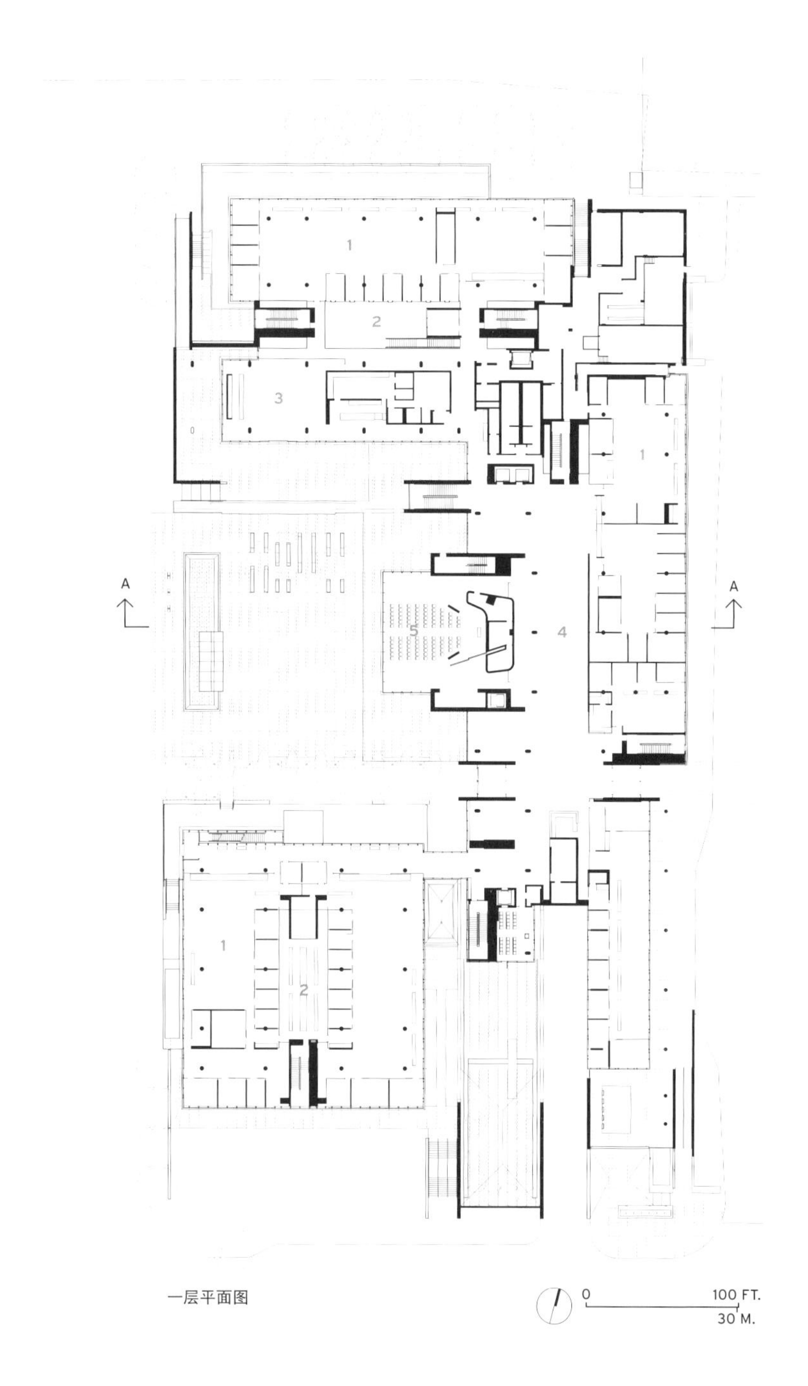

一层平面图

1 办公空间
2 中庭
3 自助餐厅
4 大厅/天井
5 多功能厅
6 议会厅

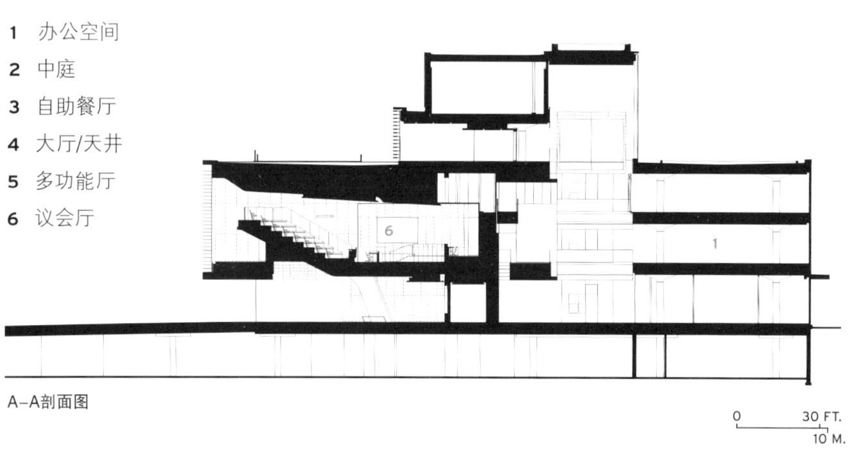

A–A剖面图

项目信息

建筑师: Kuwabara Payne McKenna Blumberg
—— Bruce Kuwabara (设计合作者);
Shirley Blumberg (管理合作者);
Goran Milosevic (主管);
Kevin Bridgman (项目建筑师);
工程师: Halcrow Yolles (结构);
Stantec (机械); Mulvey+Banani (电力);
Conestoga-Rovers & Associates (土木);
DST Consulting Engineers (美国绿色建筑协会)
景观: Phillips Farevaag Smallenberg
业主: City of Vaughan
总承包商: Maystar General Contractors
面积: 32.5万平方英尺
建设费用: 10.8亿美元
建成日期: 2011年9月(第一期)

材料供应商

陶瓦壁板与百叶: Boston Valley Terra Cotta
入口门: Assa Abloy Canada
玻璃办公室隔板: Unifor
方块地毯: InterfaceFLOR

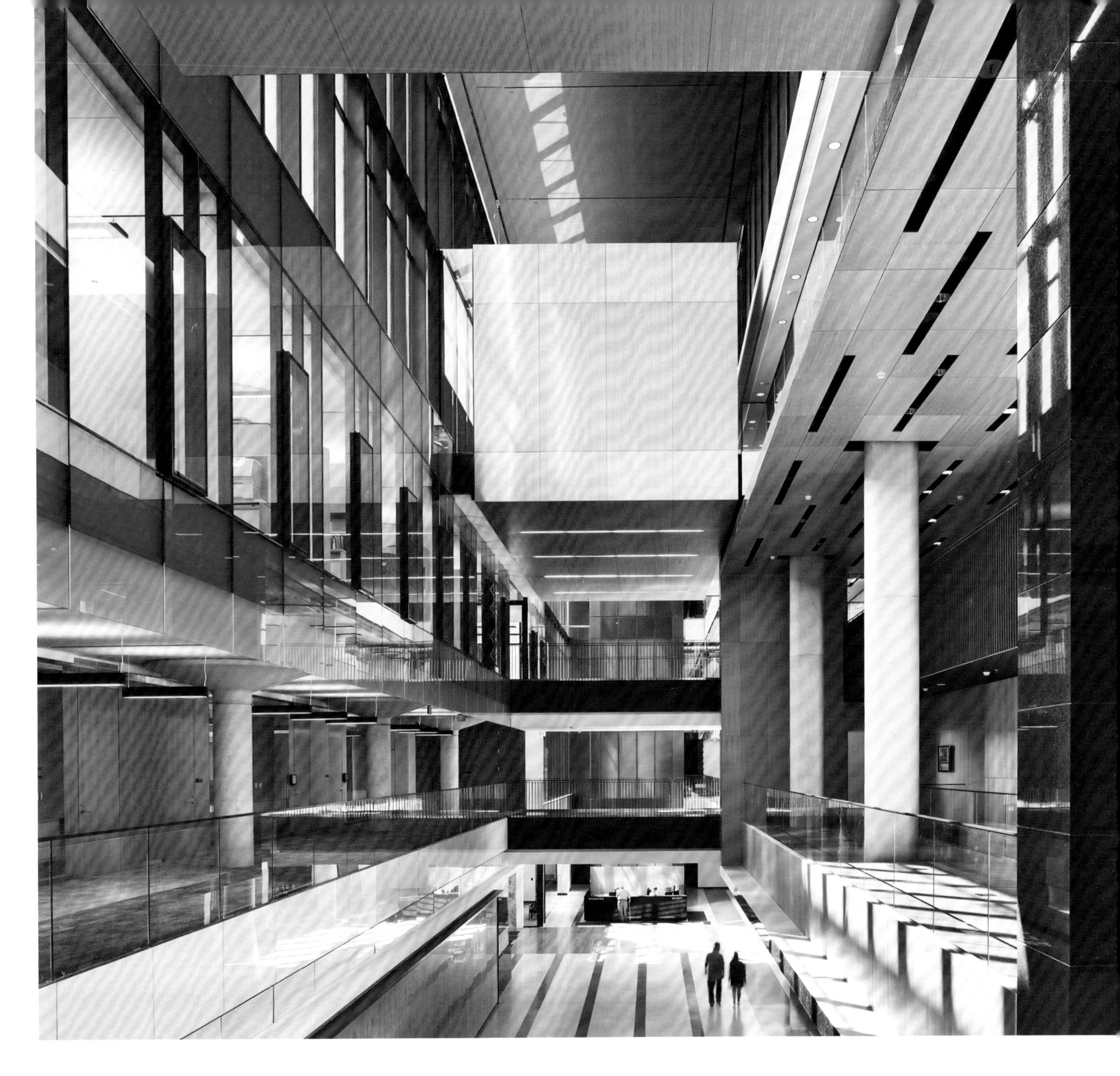

KPMB公司设计的一个重要因素就是他们能够把日光引向大楼深处。因此，除了用Low-E玻璃来包装纯水泥构架之外，公司还设计了三个相互连接的中庭，并在上面设置了玻璃的高位通风窗，可操作窗口把空气和阳光引入上层开放式办公室的阁楼，减轻了供暖、通风、空调以及电力系统的压力。办公区升高的地面使空气离工作人员更近，这样只要更少的取暖和制冷能源也能够保持室内舒适的温度。KPMB说服客户最终把900多个停车位设在地下使其能够更多的展示广场的美化景观，减轻雨水的冲刷（直到下一期工程才在车库顶上引入反射倒影的泳池/滑冰地面，但是汽车仍然停靠在市民广场西侧很远的地方）。桑原说，该建筑项目每平方英尺消耗的能量不到旧市政厅的一半；它获得了美国绿色建筑协会LEED黄金认证。

参观者无论从东侧还是从西侧进入这栋大楼，由枫木板装饰的过道给人一种穿越整个大厅的感觉。内部墙上和飞檐底部的枫木板和胡桃木板以及地板上的安大略省怀尔顿和荷顿蓝色冰石产生一种高贵气息，同时伴有温暖之感。采用玻璃扶手的第二层敞开式通道以及办公空间的室内玻璃隔断，意味着每个人的视线都能够通过这栋大楼享受纵深感。这个建筑强调的就是在管理上透明的城市目标。

KPMB公司面临着很多挑战，包括预算限制以及项目建设过程中三任市长的交接，但是沃恩市政厅给它提供了一个机会来设计“政府的基础设施”，并帮助发展中的市郊更加都市化。*Clifford A. Pearson*/文 张海会/译 肖铭/校

内部照明：带有高玻璃窗的三个中庭把日光带进了每一个办公区中心。通过多变的空间（上图及对页图）的设计，建筑师们赋予了每个中庭各自独有的特色。

书籍圣地

阿德迦耶建筑事务所建造的
弗朗西斯·A·格雷戈里图书馆，
以其宁静和魅力与城市公园融为一体。

BY SUZANNE STEPHENS（苏珊·斯蒂芬）

清澈的视角：华盛顿山顶社区的戴维斯堡公园旁的图书分馆以钻石形的玻璃外墙为特征（上图）。飘浮在建筑上方的是铝框的天棚。包括幕墙结构在内的胶合板蜂巢造型能够完全展示在大厅里（对页图）。

摄影：© EDMUND SUMMERS

坦桑尼亚出生的建筑师大卫·阿德迦耶（David Adjaye）在华盛顿D.C.总有忙不完的事情，其办公室遍布纽约、伦敦和柏林。当阿德迦耶正忙于在华盛顿国家广场的非裔美国人历史和文化国家博物馆项目的时候，他的纽约办公室刚刚完成哥伦比亚区公共图书馆（DCPL)系统的两个分馆建设：威廉·O·洛克里奇/贝尔维图书馆（William O. Lockridge/Bellevue Library）以及弗朗西斯·A·格雷戈里图书馆。哥伦比亚区公共图书馆计划在华盛顿周围设区创建一系列风格独树一帜的建筑，进而希望这些小型的民用建筑从单纯的书籍储藏室，变成一个学习和社区互动的孵化器。北卡罗来纳州达勒姆的弗里龙（Freelon）公司（《建筑实录》，2011年3月刊第88页）和戴维斯–布罗迪–邦德（Davis Brody Bond）建筑事务所（《建筑实录》，2012年2月刊第96页）也为DCPL图书馆设计过有特色的分馆。有趣的是，这两家公司与阿德迦耶在非裔美国人博物馆项目中也有合作，该项目计划于2015年竣工。

阿德迦耶利用格雷戈里图书分馆在该市东南的戴维斯堡公园边缘创建了一个熠熠发光的亭阁，这个双层的钢架建筑面积为23000平方英尺，不仅与周围繁茂的树木相得益彰，同时又因其光滑、玻璃围绕的24英尺高的体量从周围环境中脱颖而出，该体量聚拢在结实的百叶窗式的铝质天棚下。这个深灰色的天棚浮在亭阁之上，使图书馆整体达到了35英尺高，在周围的环境中显得更加威风凛凛。此外，从南部入口前面看，天棚如悬臂似的向外伸出20尺，夏天为人们提供了一个阴凉之处。

图书馆宝石图案的幕墙使其别具特色，玻璃片的大小从5英尺到8英尺不等——阿德迦耶说：“它就像森林一样热胀冷缩体现了成长的理念。”透过清澈的玻璃外层，宝石形的开放网格形成的胶合板单元模块隐隐约约地对外表达着它们的存在。这些单元模块有1英尺3英寸深，里面包含幕墙的真正结构——紧贴玻璃的X形钢斜肋构架以及后面起支撑作用的垂直钢架。胶合板单元模块外紧贴的玻璃，按照简单的一个间隔一个的规律排列：Low-E的双

登陆architecturalrecord.com观看更多幻灯片。

面涂层的玻璃可以允许视线穿过，而内面是镜子涂层的玻璃可以反射外面枝繁叶茂的大树。在每一个需要进入图书馆的地方，比如南面一侧的入口，阿德迦耶都在幕墙里嵌了一个金属壁板门——打破了强烈抽象玻璃亭阁的概念，这种设计是新奇的。

光滑的建筑物外观暗示着设计师对简洁性与复杂性的融合的思路。这不仅体现在外观平面和构造上，还体现在内部空间布置以及功能定位上，以及对色彩和质感的整体把握上。参观者进入晶莹的黑色表面的大厅：图书流通服务台突出了由中密度纤维板做基础，面饰黑色材料的实体柜台。建筑师用暗色的水泥地面和13英尺高外饰古铜色金属光泽的石膏板拱门与带天窗的主厅形成戏剧性的对比，主厅沿着图书馆南侧延展。这里的空间一直向上升腾到23英寸高的天窗，包括铝和玻璃制成的斜肋构架。为电子媒体准备的独立架在敞开式的地面阅读区旁，读者还可以透过框架从这里看到后面的公园景色。

参观者在两个服务区的任何一处都可以通过棱角分明的黑色楼梯或者坐电梯到达二楼。在这里，儿童阅读区以及其他一些区域都在向图书馆的外缘扩展。尽管这些区域都是在内墙之中，但是，带座椅的深窗洞使儿童可以在阅读的同时通过外墙清晰的宝石窗格看到森林。如果儿童阅览室的吸声天花板显得很低的话，偶尔可见的天窗为其增添了很多宝贵的自然光。同样在这一层，花旗松材料的半封闭“逗号”形式的空间可以作为儿童游戏房，同时，会议室大玻璃内窗可以远眺两层高的青少年阅览室。

这个建筑获得了LEED银质认证：玻璃外墙在冬天能够提高热量获取，但是天棚在夏天能够削减多余的热量。此外，地面铺设材料是可以防止雨水倒流。（然而在炎热的夏季，低温空调的应用表明美国LEED银质认证也不能确保节能设施的运行）

阿德迦耶用130万美元的预算成功赋予了这个图书馆分馆非比寻常的高雅和奢华，同时也给周围的邻居一种视觉和感官上的亲近性。尽管由于小偷入室偷窃电脑产品会带来打碎玻璃的危险，但是据吉利·库珀——哥伦比亚区公共图书馆的馆长所述，这个社区都“热烈响应”这种设计。很多人认为它令人“垂涎欲滴”。*Suzanne Stephens/文 张海会/译 肖铭/校*

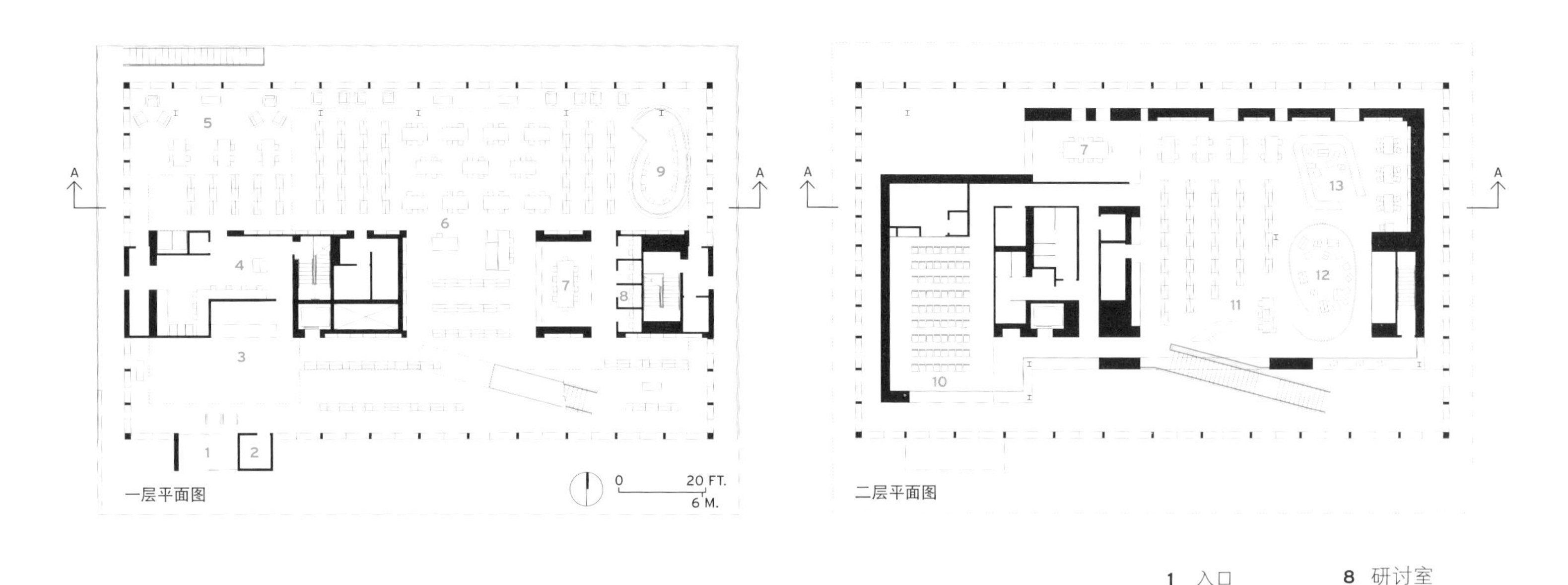

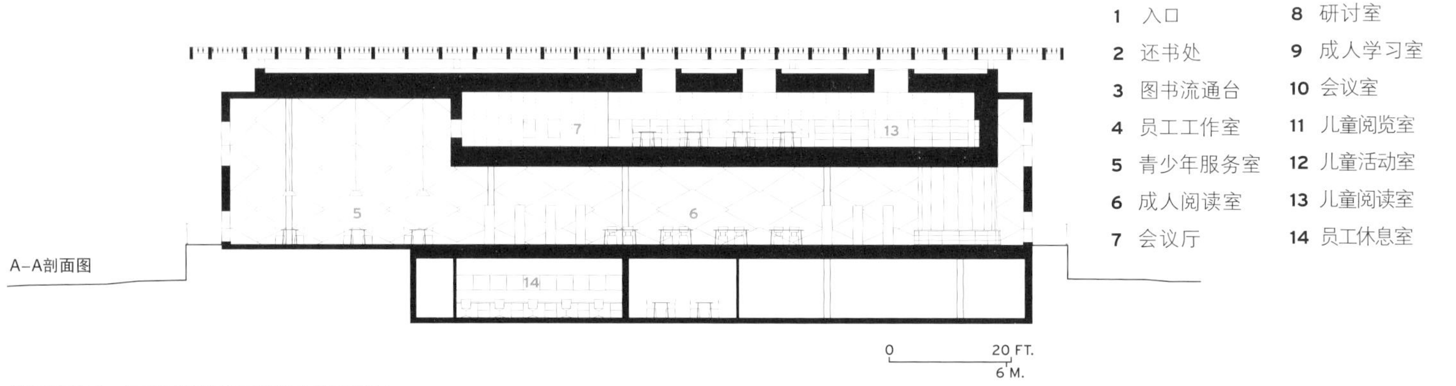

1 入口
2 还书处
3 图书流通台
4 员工工作室
5 青少年服务室
6 成人阅读室
7 会议厅
8 研讨室
9 成人学习室
10 会议室
11 儿童阅览室
12 儿童活动室
13 儿童阅读室
14 员工休息室

视线的触及：参观者能够在二楼的会议室通过光滑的孔洞看到青少年阅读室（下图）。手工制作的灯罩悬挂在座位上方双层高的空间里。

项目信息

建筑师：Adjaye Associates
—— David Adjaye（项目主管）；
Austin Harris（项目指导）；
Russell Crader（项目经理）；
Edward Yung（建筑助理）
记录建筑师：Wiencek+Associates
工程师：Setty & Associates
（机械/电气/管道）；
ReStl Designers（结构）
业主：District of Columbia Public Libraries（哥伦比亚区公共图书馆）
面积：2.3万平方英尺
建设费用：1.3亿美元
建成日期：2012年6月

材料供应商

幕墙：Tower Glass Company
百叶窗天棚：Conservatek Industries
吸声天花板：Ecophon
电梯：Kone
装饰：Herman Miller, Vitra, Bernhardt, Spacesaver
地毯：Mannington

摄影：© EDMUND SUMMERS

更高的期待

阿德迦耶建筑事务所把另外一个图书馆建在华盛顿哥伦比亚地区（WASHINGTON D.C.）贝尔维尤社区的一个斜坡上。

SUZANNE STEPHENS/文

哥伦比亚区公共图书馆（DCPL）的第二个分馆——威廉·O·洛克里奇/贝尔维尤图书馆（William O. Lockridge/Bellevue Library）也是由阿德迦耶建筑事务所所建——它看起来更像一个野兽派风格的树屋，而不是像弗朗西斯·A·格雷戈里图书馆（参见第91页）那样如同一个熠熠发光的亭阁。该分馆坐落在华盛顿西南的一个陡峭的山坡上，是以社区的积极活动者和贝尔维尤的周围环境联合命名的。这个设计在面积（2.3万平方英尺）和预算（1300万美元）上均遵从了格雷戈里图书馆的规格，同时，它的设计主旨也是希望通过设立各种主题空间和服务吸引中等收入的大众群体。

在这个30000平方英尺狭小的用地上有一个大约40英尺的斜坡，这使得阿德迦耶能够沿着斜坡建造一系列类似豆荚状的结构体。他把图书馆的入口设置在北侧的最低处，上面由架空柱支撑现场浇筑的水泥多面体，而更小的、附联式的多面体包含更多舒适的小型空间，它们是钢支架的结构且外面是合成灰泥表面，这种多面体的其中之一是在第2层的儿童活动室；还有两个在三楼，用作青少年服务区和会议室。这些分隔开的几何图形构造就是要赋予这栋建筑以雕刻艺术的美感，从而避免在周围大多数砖房子中显得过于突兀与庞大。

尽管如此，在2010年，当大卫·阿德迦耶首次将他的设计呈现给社区的时候，还是引起了一阵混乱。经过几次协商之后，这个建筑群变得更加阿尔托式了（Aalto-esque），附加上垂直的奥福特港口雪松板（cedar fins），使其整体平衡和质感均得到了增强。

如今，当参观者进入主楼的时候，他们一眼就能看到其中一侧通往上面两层的大楼梯，上面两层空间即宽敞又明亮。笔直的淡绿色玻璃采光井位于主楼亭阁中间并保持了空间的通透性。第三层的成人阅读室处在斜坡的上层，能够看到南部郁郁葱葱的树木。在夏日的午后，建筑中的读者可以很容易看到鹿在附近觅食。它们看上去似乎与整个建筑是融为一体的；在炎热的夏季，这里有密布的计算机和满满的阅读室，已成为图书馆参观者们共享的场景。*Suzanne Stephens/文*

张海会/译 肖铭/校

重载：图书馆（上图）被分隔成豆荚状的结构，一部分是主楼坚固的水泥亭阁，另一部分是附属空间，采用的是钢支架结构外饰合成灰泥表面。垂直的雪松板打破了整体平衡，同时，水泥架空架为入口处的柱廊提供了庇护。在建筑的内部，狭窄的直线形采光井位于主厅阁中间（左图），把阳光引入到中心地区。

摄影：© EDMUND SUMMERS

1 入口 5 办公室 9 成人阅读室
2 还书处 6 成人媒体室 10 成人信息台
3 图书流通台 7 会议厅 11 青少年服务室
4 员工工作室 8 电梯大厅 12 成人展馆

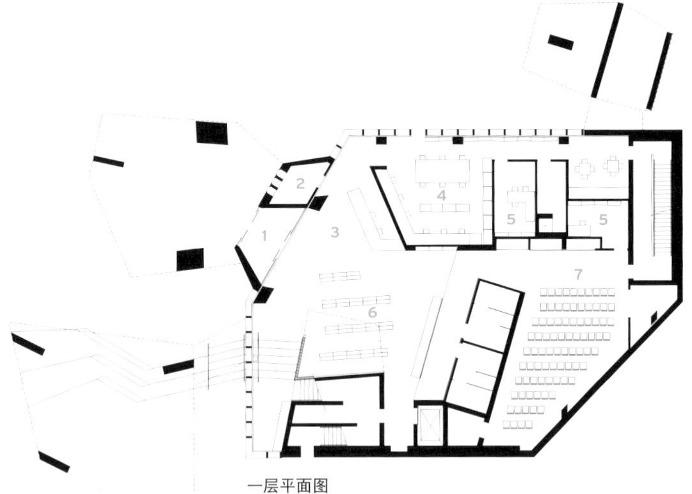

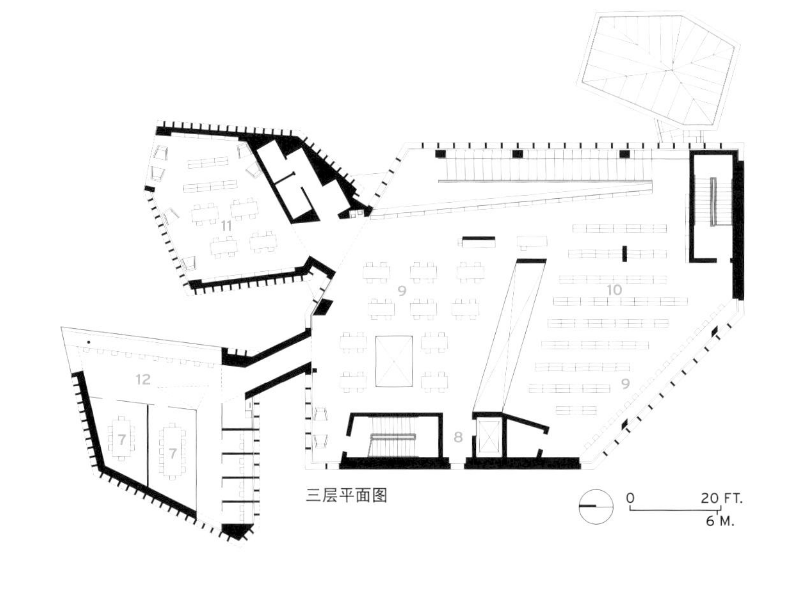

多姿多彩的插入：尽管分馆的混凝土工程是未加装饰的，但是阿德迦耶使它与采光井的绿色玻璃形成对比，把涂成黄色的中密度纤维板楼梯与第一层地面的（下图）红色地毯形成对比。三楼青少年服务亭因为红色的墙壁和天花板而显得与众不同（右图）。康斯坦丁·格里克设计的耐用铝质MAGIS椅子强化了集合图案的效果。

项目信息

建筑师：Adjaye Associates
—— David Adjaye（项目主管）；
Austin Harris（项目指导）；
Russell Crader（项目经理）；
Edward Yung（建筑助理）
记录建筑师：Wiencek+Associates
工程师：Setty & Associates
（机械/电气/管道）；
ReStl Designers（结构）
业主：District of Columbia Public Libraries（哥伦比亚区公共图书馆）
面积：2.3万平方英尺
建设费用：1300万美元
建成日期：2012年6月

材料供应商

金属/玻璃幕墙：Custom Tower Glass
装饰：Herman Miller, Vitra, Bernhardt, Spacesaver
地毯：Mannington

项目名称　马塔德罗马德里艺术中心
项目地点　马德里
建筑师　CH+QS建筑事务所

在每栋引人注目的建筑背后，都隐藏着焦虑和不安。伦布兰特（Rembrandt）戏剧性并置光线和黑色的设计，是受一个世纪前的屠宰场进行改建的灵感启发而诞生的，该屠宰场位于马德里南部，现在已经改建成一个全新的文化中心和影视资料馆。西班牙的CH+QS建筑事务所花费了500万美元用2年时间翻新改建的马塔德罗马德里艺术中心在去年重新开业，它现在拥有2个影视厅，影视制作人工作室、咖啡馆和一个富有7000部纪录片可供研究者和普通观众观赏的影视资料馆。其中有一部分藏品放置在长125英尺、宽16英尺这样长而深的房间里，这里以前用作冷藏设备的设备间。这个资料馆由黑灰色的木板包裹，悬挂在上方交织成篮子状数千英尺长的塑料管内的LED灯提供照明。这是一个真正的舞台布景，利用了色调以及电影的舞台效果，同时从其可怕的历史背景中吸取了强大的力量。在戏剧般的背景墙下，马塔德罗中心书写着自己不容置疑的故事。*Laura Mirviss/文 张海会/译 夏鹏/校*

摄影：© FERNANDO GUERRA

登陆architecturalrecord.com观看更多幻灯片。